Prospectus.

COURS

OU

ÉLÉMENS

DE MÉDECINE

THÉORIQUE ET PRATIQUE,

PAR ALEXIS BOMPARD,

Docteur en médecine de la Faculté de Montpellier; Médecin de l'Etablissement de Charité de Saint-Vincent-de-Paule, sous la protection de la Reine; du Bureau de Bienfaisance du 5e Arrondissement; Membre titulaire du Cercle Médical (ancienne Académie), de la Société de Médecine-Pratique; de l'Académie de l'Industrie agricole, manufacturière et commerciale; Correspondant des Sociétés de Médecine de Caen, Médico-Chirurgicale de Naples; de l'Académie Impériale et Royale de Florence, etc.

Depuis la publication de la *Nosographie philosophique* du professeur Pinel, l'art de guérir a fait de rapides progrès : les travaux de nos contemporains ont bien été consignés dans quelques monographies, dans les journaux de médecine et dans les dictionnaires qui se sont succédés, mais ces modes de publications ont de graves inconvéniens, et c'est ce que les bons esprits ont senti depuis long-temps, car souvent nous avons entendu exprimer le désir de voir paraître un ouvrage où se trouverait réuni tout ce qui a rapport à cette partie des connaissances humaines qu'on nomme *médecine-pratique*, ainsi que l'a fait, pour la chirurgie, M. le professeur Boyer.

Nous sommes heureux de pouvoir aujourd'hui réaliser ce vœu, en publiant l'ouvrage de M. le docteur Bompard. Ses Élémens de Médecine théorique et pratique formeront un ensemble où tout sera coordonné, où tous les faits viendront se grouper autour d'un faisceau commun.

L'auteur a établi dix classes de maladies, qu'il a subdivisées en chapitres et en sections. Cette classification est très-imparfaite, sans doute, mais elle met de l'ordre dans l'étude des altérations qui affligent l'espèce humaine; elle rapproche les maladies les unes des autres, elle établit leur connexité; enfin, elle soulage la mémoire.

M. Bompard n'entend pas tracer une ligne absolue de démarcation entre telle et telle classe, cette ligne n'existe pas dans la nature; il n'a voulu qu'indiquer le siége de la maladie et le point de départ des phénomènes généraux qu'on observe dans le cours de la majorité de nos affections morbides.

Les Élémens de Médecine théorique et pratique de M. Bompard réuniront non-seulement les avantages que nous venons de rapporter, mais ils offriront aux médecins, dans un cadre resserré, tout ce qui est relatif à un état maladif déterminé, tout ce que les travaux des modernes ont pu ajouter à ceux de leurs prédécesseurs. Les jeunes médecins y puiseront quelques règles pratiques sanctionnées par une expérience éclairée et par des travaux soutenus pendant plus de vingt-cinq ans. Ce qui nous paraît surtout devoir donner à cet ouvrage un intérêt neuf et puissant, c'est la distinction établie par l'auteur entre les symptômes caractéristiques, pathognomoniques, propres à éclairer le diagnostic de quelques maladies qu'on confond quelquefois dans la pratique, erreur qui n'est pas toujours sans danger.

Les officiers de santé de nos campagnes, éloignés du centre des recherches scientifiques, seront mis au courant de l'état actuel de la science du diagnostic et de la thérapeutique.

MM. les Pasteurs, qui, dans beaucoup de localités, sont obligés de joindre à leurs nobles fonctions sacerdotales celles du médecin, puiseront dans les élémens que nous publions, des connaissances qui leur permettront d'exercer leur bienfaisance avec plus de succès.

Les habitans des campagnes, un peu versés dans la littérature, apprendront à connaître les règles qu'ils doivent suivre en attendant l'arrivée du médecin, dont ils sont quelquefois très-éloignés, lorsqu'un événement imprévu vient jeter le trouble dans leur famille. Enfin, cet ouvrage prouvera que la maladie n'est pas *une*, qu'elle n'est pas toujours la même, qu'elle réclame, suivant les circonstances, tantôt un médicament tonique, tantôt l'emploi d'une substance débilitante, etc.; et que, par conséquent, il ne peut exister de panacée universelle, moyen dangereux sur lequel on ne saurait trop appeler l'attention du Gouvernement.

ORDRE SUIVI DANS LA DISTRIBUTION OU CLASSIFICATION DES MALADIES.

DISCOURS PRÉLIMINAIRE.

Dans ce discours, il sera rapidement question de l'Histoire de la Médecine, de la nécessité de faire précéder ses études médicales par une éducation soignée; de la division de l'Anatomie; des principes généraux de Physiologie, de Pathologie, de Nosographie, d'Ethiologie; on indiquera ce qu'on doit entendre par maladies Epidémiques, Endémiques, Contagieuses; on traitera sommairement de la Séméïotique, de la Symptômatologie, de la Thérapeutique, de la Matière médicale, de la Chirurgie et de l'Hygiène.

PREMIÈRE PARTIE.

Maladies des Voies digestives et de leurs Annexes.

CHAPITRE PREMIER.

Des Phlegmasies et des Irritations hémorrhagiques des voies digestives et de leurs annexes.
(Percussion.)

1re *Section.*

Inflammation des gencives.
Aphthes.
Glossite.
Œsophagite.
Gastrite.
Entérite.
Gastro-entérite.
Choléra-morbus.
Carreau.

2e *Section.*

Hématémèse.
Hémorrhoïdes.

3e *Section.*

Hépatite.
Splénite.
Pancréatite.

2e *Section.*

Poisons narcotiques.

3e *Section.*

Poisons narcotico-âcres.

4e *Section.*

Poisons spécifiques putréfians.

5e *Section.*

Des animaux qui peuvent devenir funestes étant introduits dans l'estomac.

6e *Section.*

Traitement de l'empoisonnement.
(Des contre-poisons).

Section supplémentaire.

Des animaux vénéneux dont la piqûre ou la morsure est suivie d'accidens plus ou moins graves.
Traitement.

DEUXIÈME PARTIE.

Maladies des organes de la respiration.
(Auscultation).

CHAPITRE PREMIER.

Phlegmasies.

1re *Section.*

Coryza.
Traitement.
Angines.
Traitement.
Œdème de la glotte.
Traitement.
Bronchite.
Traitement.
Hémophtysie.
Traitement.
Pleurésie.
Traitement.
Pneumonie.
Traitement.
Hydrothorax.
Traitement.

Coqueluche.
Traitement.

Hydropneumonie.
Traitement.

2e *Section.*

Productions accidentelles développées sur les plèvres.

3e *Section.*

Productions accidentelles développées dans les poumons.

Phthisie pulmonaire. { Tubercules. Mélanoses. Encéphaloïde.

Traitement.

4e *Section.*

Pneumothorax.
Traitement.

CHAPITRE DEUXIÈME.

1re *Section.*

Asthmes.
Traitement.

2e *Section.*

Asphyxies.
Traitement.

TROISIÈME PARTIE.

Maladies des organes de la circulation.

CHAPITRE PREMIER.

De quelques maladies qui se rattachent au système circulatoire.

Pléthore.
Traitement.
Anémie.
Traitement.
Syncope.
Traitement.

Sternalgie.
Traitement.
Palpitations dites nerveuses
Traitement.

CHAPITRE DEUXIÈME.

Phlegmasies.

1re *Section.*

Péricardite. Cardite.
Irritation du cœur. Hydropéricardite.

2e *Section.*

Anévrysmes. { Hypertrophie. Atrophie.

3e *Section.*

Amincissement des oreillettes.

4e *Section.*

Productions accidentelles.

Végétations.—Kystes.—Tubercules.—Polypes.—Induration.—Cartilaginification.—Dégénérescence graisseuse.

5e *Section.*

Description générale des maladies du cœur.
Traitement.

6e *Section.*

Rupture. Prolapsus. Cyanose.

CHAPITRE TROISIÈME.

Maladies des artères et des veines.

1re *Section.*

Aortite.
Traitement.
Artérite.
Traitement.
Anévrysme de l'aorte.
Traitement.

2e *Section.*

Phlébite. Traitement.

Section supplémentaire.

(Considérations générales sur les hydropisies).

Anasarque.
Traitement.
Scorbut.
Traitement.

Maladies des organes du système cérébro-spinal.

De la vue, de l'odorat.

CHAPITRE PREMIER.

Phlegmasies et Hémorrhagies.

1re Section.

Arachnitis.
Encéphalite.
Traitement.
Hydrocéphale.
Traitement.
Apoplexie.
Traitement.

2e Section.

Hydrorachis.

CHAPITRE DEUXIÈME.

Des irritations dites nerveuses.

1re Section.

Epilepsie.
Catalepsie.
Somnambulisme.
Cauchemar.
Hydrophobie.
Traitement.

2e Section.

Hypocondrie.
Mélancolie.
Manie.
Démence.
Idiotisme.
Traitement.

CHAPITRE TROISIÈME.

Maladies des organes des sens.

1re Section.

Inflammation des paupières.
Ophtalmie.
Traitement.
Impatience de la lumière.
Amaurose.
Traitement.

2e Section.

Otite.
Traitement.
Paracousie.
Tintouin.

CINQUIÈME PARTIE.

Maladies des voies urinaires.

1re *Section.*

2e *section.*

SIXIÈME PARTIE.

Maladies du sexe.

CHAPITRE PREMIER.

Maladies de filles.

1re *Section.*

QUATRIÈME PARTIE.

Maladies des organes du système cérébro-spinal.

De la vue, de l'odorat.

CHAPITRE PREMIER.

Phlegmasies et Hémorrhagies.

1re *Section.*

Arachnitis.
Encéphalite.
Traitement.
Hydrocéphale.
Traitement.
Apoplexie.
Traitement.

2e *Section.*

Hydrorachis.

CHAPITRE DEUXIÈME.

Des irritations dites nerveuses.

1re *Section.*

Epilepsie.
Catalepsie.
Somnambulisme.
Cauchemar.
Hydrophobie.
Traitement.

2e *Section.*

Hypocondrie.
Mélancolie.
Manie.
Démence.
Idiotisme.
Traitement.

CHAPITRE TROISIÈME.

Maladies des organes des sens.

1re *Section.*

Inflammation des paupières.
Ophtalmie.
Traitement.
Impatience de la lumière.
Amaurose.
Traitement.

2e *Section.*

Otite.
Traitement.
Paracousie.
Tintouin.

Dysécée. Surdité.
Traitement.

3e *Section.*

Coryza (pour mémoire).
Epistaxis.
Perte de l'odorat ou Anosmie.

4e *Section.*

Voix convulsive. Aphonie.

CINQUIÈME PARTIE.

Maladies des voies urinaires.

1re *Section.*

Néphrite.
Traitement.
Cystite.
Traitement.
Inflammation des testicules.
Traitemont.
Hydrocèle.
Traitement.
Pisuric.
Traitement.
Diabète.
Traitement.
Rétention d'urine.
Traitement.
Incontinence d'urine.
Traitement.

2e *Section.*

Anaphrodisie.
Dyspermatisme.
Satiriasis.
Priapisme.
Traitement.

SIXIÈME PARTIE.

Maladies du sexe.

CHAPITRE PREMIER.

Maladies de Filles.

1re *Section.*

Fièvres des Fillss pubères.
Eruption cutanée.
Chlorose.
Dysménorrhée.
Ménorrhée.
Aménorrhée.
Déviation des menstrues.
Traitement.

2ᵉ *Section.*

Hystérie. Nymphomanie.

Traitement.

CHAPITRE DEUXIÈME.

Maladies des Femmes.

1ʳᵉ *Section.*

Stérilité. Antéversion.
Conception. Hernie de la matrice.
—— dépravée. Descente de la matrice.
Rétroversion de la matrice. Obliuuité de la matrice.

Traitement.

2ᵉ *Section.*

Odontalgie. Constipation.
Pthyalisme. Diarrhèe.
Ancrexie. Hernie intestinale.
Nausées et vomissemens. Rétention et incontineuce d'urine.
Appétit dépravé. Œdème des extrémités inférieures.
Cardiaigie.
Coliques.

Traitement.

3ᵉ *Section.*

Pléthore. Syncope.
Palpitations. Varices.

Traitement.

4ᵉ *Section.*

Dyspnée. Hémoptysie.
Toux. Traitement.

5ᵉ *Section.*

Névroses ophtalmiques. Céphalalgie.
— acoustiques. Agrypnie.
— de la locomotiou. Traitement.

6ᵉ *Section.*

Des maladies aiguës et chroniques qui compliquent la grossesse.

7e *Section.*

Hémorrhagies utérines. Avortement.

CHAPITRE TROISIÈME.

Des accouchemens.

1re *Section.*

Mécanisme de l'accouchement naturel dans les
- Positions de la tête.
- — des talons.
- — des genoux.
- — des fesses.

2e *Section.*

Des accouchemens qui exigent le secours de la main.
- Présentation de l'extrémité encéphalique, ou d'une partie quelconque du trone.
- Présentation des extrémités pelviennes, pieds, genoux, fesses.

3e *Section.*

Des accouchemens qui exigent le secours des instrumens.

4e *Section.*

De ceux qui exigent le secours des instrumens vulnérans.

5e *Section.*

Extraction du placenta.

6e *Section.*

Des pertes utérines pendant ou après l'accouchement.

CHAPITRE QUATRIÈME.

Maladies des femmes en couches.

Contusion des parties génitales.
Incontinence d'urine.
Renversement de la matrice.
Renversement du vagin.
Chûte du fondement.
Fièvre puerpérale ou de lait.
Péritonite.
Engorgement des membres abdominaux.
Fièvre miliaire.
Traitement.

Hémorrhagies utérines. Avortement.

CHAPITRE TROISIÈME.

Des Accouchemens.

1re *Section*.

Mécanisme de l'accouchement naturel dans les { Positions de la tête. — des talons. — des genoux. — des fesses.

2e *Section*.

Des accouchemens qui exigent le secours de la main. { Présentation de l'extrémité encéphalique, ou d'une partie quelconque du tronc. Présentation des extrémités pelviennes, pieds, genoux, fesses.

3e *Section*.

Des Accouchemens qui exigent le secours des instrumens.

4e *Section*.

De ceux qui exigent le secours des instrumens vulnérans.

5e *Section*.

Extraction du placenta.

6e *Section*.

Des pertes utérines pendant ou après l'accouchement.

CHAPITRE QUATRIÈME.

Maladies des Femmes en couche.

Contusion des parties génitales.
Incontinence d'urine.
Renversement de la matrice.
Redversement du vagin.
Chûte du fendement.
Fièvre puerpérale ou de lait.
Péritonite.
En, orgement des membres abdominaux.
Fièvre miliaire.
Traitement.

Diaphragmite.
Traitement.
Goutte.
Traitement.

CHAPITRE DEUXIÈME.

Névroses.

Convulsions.
Tétanos.
Traitement.
Danse de Saint-Guy.
Traitement.
Névralgie anomale.
— cubito-digitale.
— fémoro-poplitée.
Névralgie fémoro-prétibiale
— frontale.
— génitale.
— iléo-scrotale.
— maxillaire.
— sous-orbitaire.
Traitement.

HUITIÈME PARTIE.

Maladies du système glanduleux.

CHAPITRE PREMIER.

Scrofules.

CHAPITRE DEUXIÈME.

Syphilis.

1re *Section.*

Blénorrhagie.
Chancres.
Phimosis.
Paraphimosis.
Pustules.
Bubons.

Traitement.

2e *Section.*

Syphilis confirmée.
Traitement.

NEUVIÈME PARTIE.

Maladies de la peau.

(Classification de MM. Cazenave et Schedel).

CHAPITRE PREMIER.

1re *Section.*

Exanthêmes.

Erythème.
Scarlatine.

Erysipèle. Urticaire.
Roséole.

2e *Section.*

Vésicules

Miliaire. Herpes.
Varicelle. Gale.
Eczèma.

3e *Section.*

Bulles.

Pemphigus. Rupia.

4e *Section.*

Pustules.

Variole. Acnée.
Vaccine. Mentagra.
Ecthyma. Purrigo.
Impétigo.

5e *Section.*

Papules.

Lichen. Prurigo.

6e *Section.*

Squammes.

Lèpre. Pytiriasis.
Psoriasis. Icthyose.

7e *Section.*

Tubercules.

Eléphantiasis des Grecs. Frambœsia.
Molluscum.

8e *Section.*

Macules.

Teinte bronzée.
Ephélide. } Coloration.
Nœvi.

Albinisme.
Vitiligo. } Décolorisation.

CHAPITRE DEUXIÈME.

1re *Section.*

Lupus.

2e *Section.*

Pellagre.

3e *Section.*

Syphilides.

4e *Section.*

Purpura.

5e *Section.*

Eléphantiasis des Arabes.

6e *Section.*

Maladies des follicules sébacées.

7e *Section.*

Kéloïdes.

DIXIÈME PARTIE.

Maladies du système osseux.

Rachitisme. Carie. Nécrose.

FORMULAIRE GÉNÉRAL.

TABLE DES MATIÈRES.

— DES AUTEURS.

— DES SOUSCRIPTEURS.

Toutes les fois que la matière le comportera, chaque affection sera décrite suivant le tableau ci-après :

1° Exposé.
2° Nécropsie.
3° Causes de la maladie.
4° Symptômes.
5° Durée à l'état aigu.
6° Marche de la maladie.
7° Terminaisons.
8° État chronique : symptômes, marche, etc.
9° Pronostic.
10° Maladies qu'on peut confondre : signes différentiels, parallèle.
11° Complications.
12° Traitement.

Les Élémens de Médecine théorique et pratique se composeront de 5 volumes in-8° ; ils paraîtront par livraison de six à dix feuilles, beau papier, caractères neufs, conformes au présent Prospectus. L'éditeur a cru devoir adopter ce mode de publication, afin que l'auteur puisse revoir le tout avec soin.

Dans un ouvrage de ce genre, les livraisons ne peuvent être toujours égales; le nombre des feuilles dépendra de la matière qu'elles renfermeront, mais on aura soin de les disposer pour que les objets qui y seront traités, le soient complètement.

CONDITIONS DE LA SOUSCRIPTION.

Le prix de chaque livraison est de 3 fr. pour Paris et les départemens, et de 3 fr. 50 c. pour l'étranger. En souscrivant, on paiera une livraison d'avance, qui sera le prix de la dernière.

On peut souscrire pour l'ouvrage entier, en payant 36 fr. pour Paris et les départemens, et 42 fr. pour l'étranger.

On souscrit à Paris, chez M. Humbert, éditeur, rue Meslay, n° 58 ;

Et

A Bruxelles, au Dépôt de la Librairie Médicale française.

Nota. *La première livraison est sous presse.*

(On ne reçoit que les lettres affranchies.)

Imprimerie de David, boulevart Poissonnière, n° 4 bis.

OUVRAGES DU MÊME AUTEUR,

QUI SE TROUVENT CHEZ L'ÉDITEUR,

Rue Meslay, N° 58.

OBSERVATIONS SUR LE TYPHUS QUI A RÉGNÉ A L'ARMÉE EN 1813 ET 1814. Paris, 1816. Prix : 2 fr.

CONSIDÉRATIONS SUR QUELQUES MALADIES DE L'ENCÉPHALE ET DE SES DÉPENDANCES, sur leur traitement, et notamment sur les dangers de l'emploi de la glace; 2e édition. Paris, 1828. Prix : 3 fr.

TRAITÉ DES MALADIES DES VOIES DIGESTIVES ET DE LEURS ANNEXES, suivi de tableaux des substances vénéneuses. Paris, Juin 1829. Prix : 5 fr.

TRAITÉ D'EDUCATION PHYSIQUE, par le Professeur *Sinibaldi*, traduit de l'Italien; 2e édition. Paris, 1830. Prix : 5 fr.

DU CHOLÉRA-MORBUS; description de la maladie, des moyens hygiéniques et pharmaceutiques qu'il convient de lui opposer. Paris, novembre 1831. Prix : 2 fr.

86

COURS

OU

ÉLÉMENS DE MÉDECINE

THÉORIQUE ET PRATIQUE,

PRÉCÉDÉ

D'UN ABRÉGÉ DE L'HISTOIRE DE LA MÉDECINE,

DEPUIS SON ORIGINE JUSQU'A NOS JOURS;

Par AL. [illegible] BOMPARD,

Docteur en Médecine de la Faculté [illegible]pellier, Médecin de l'Établissement de Charité de Saint-Vincent-de-Pa[illegible]ureau de Bienfaisance du cinquième arrondissement de la Ville de Pa[illegible]mbre de plusieurs Sociétés savantes, nationales et étrangères.

1re LIVRAISON.

On souscrit à Paris,

CHEZ M. HUMBERT, ÉDITEUR, RUE MESLAY, N° 58;

JUST-ROUVIER, Libraire, rue de l'Ecole-de-Médecine, N° 8;

ET CHEZ LES PRINCIPAUX LIBRAIRES DE LA FRANCE ET DE L'ÉTRANGER.

1833.

EXTRAIT DU PROSPECTUS.

PREMIÈRE PARTIE.

MALADIES DES VOIES DIGESTIVES ET DE LEURS ANNEXES.

Chapitre Premier. Des phegmasies et des irritations hémorrhagiques des voies digestives.

Cinq Sections.

Chapitre Deuxième. Des irritations nerveses ou des maladies décrites par les auteurs sous le nom de névroses de la digestion.

Chapitre Troisième. De quelques autres maladies des voies digestives.

Chapitre Quatrième. Des médications générales et particulières.

Quatre Sections.

Chapitre Cinquième. Des empoisonnemens.

Sept Sections.

DEUXIÈME PARTIE.

MALADIES DES ORGANES DE LA RESPIRATION (Auscultation).

Chapitre Premier. Phlegmasies.

Quatre Sections.

Chapitre Deuxième.

Deux Sections.

TROISIÈME PARTIE.

MALADIES DES ORGANES DE LA CIRCULATION.

Chapitre Premier. De quelques maladies qui se rattachent au système circulatoire.

Chapitre Deuxième. Phlegmasies.

Six Sections.

Chapitre Troisième Maladies des artères et des veines.

Trois Sections.

QUATRIÈME PARTIE.

MALADIES DU SYSTÈME CÉRÉBRO-SPINAL ; DE LA VUE DE L'ODORAT.

Chapitre Premier. Phlegmasies et hémorrhagies.

Deux Sections.

Chapitre Deuxième. Des irritations dites nerveuses.

Deux Sections.

Chapitre Troisième. Maladies des organes des sens.

Quatre Sections.

CINQUIÈME PARTIE.

MALADIES DES VOIES URINAIRES.

Deux Sections.

SIXIÈME PARTIE.

MALADIES DU SEXE.

Chapitre Premier. Maladies des filles.

Deux Sections.

Chapitre Deuxième. Maladies des femmes.

Sept Sections.

Chapitre Troisième. Des accouchemens.

Six Sections.

Chapitre Quatrième. Maladies des femmes en couches.

Chapitre Cinquième. Maladies des nourrices.

Chapitre Détaché. Dentition, accidens de la dentition.

Chapitre Sixième. Maladies qui surviennent à l'époque de la cessation des règles.

Quatre Sections.

SEPTIÈME PARTIE.

MALADIES DES SYSTÈMES MUSCULAIRE ET NERVEUX.

Chapitre Premier. Phlegmasies.

Chapitre Deuxième. Névroses.

HUITIÈME PARTIE.

MALADIES DU SYSTÈME GLANDULEUX.

Chapitre Premier. Scrofules.

Chapitre Deuxième. Syphilis.

Deux Sections.

NEUVIÈME PARTIE.

MALADIES DE LA PEAU.

Chapitre Premier.

Huit Sections.

Chapitre Deuxième.

Sept Sections.

DIXIÈME PARTIE.

MALADIES DU SYSTÈME OSSEUX.

ERRATA.

Page 11, ligne 6, *vénéneux*, lisez *venimeux*.
— 42, — 6, *surtout Xénophon*, lisez *surtout de Xénophon*.
— 42, — 15, *peuples e*, lisez *peuples et*.
— 64, — 14, *telles sont que la*, lisez *telles que la*.
— 128, — 2, *suffo qué*, lisez *suffoqué*.

Dans deux endroits on trouve *Scrophuleux*, pour *Scrofuleux*.

CONDITIONS DE LA SOUSCRIPTION.

Les élémens de médecine théorique et pratique paraîtront par livraison de 10 à 12 feuilles.

Le prix de la Souscription est de 3 fr. pour Paris et les départemens, et de 3 fr. 50 c. pour l'étranger.

On peut souscrire séparément pour l'*Histoire de la Médecine,* qui sera complétée en trois livraisons formant un gros volume de 800 pages environ, en payant 9 fr. en recevant la première, et pour l'ouvrage entier 36 fr. pour Paris et les départemens, 42 fr. pour l'étranger.

Les livraisons se succéderont régulièrement de six en six semaines.—La 2e est sous presse, elle paraîtra du 15 au 20 Janvier.

Ouvrages du même Auteur qui se trouvent aux mêmes adresses.

Observations sur le Typhus qui a régné à l'armée en 1813 et 1814. Paris, 1816. Prix : 2 fr.

Considérations sur quelques Maladies de l'Encéphale et de ses dépendances, et notamment sur les dangers de l'emploi de la glace; 2e édition. Paris, 1828. Prix : 3 fr.

Traité des Maladies des voies digestives et de leurs annexes, suivi de tableaux des substances vénéneuses. Paris, juin 1829. Prix : 5 fr.

Traité d'Éducation physique, par le docteur *Sinibaldi*, traduit de l'italien; 2e édition. Paris, 1830. Prix, 5 fr.

Du Choléra-Morbus. Description de la Maladie, des moyens hygiéniques et pharmaceutiques qu'il convient de lui opposer. Paris, novembre 1831. Prix, 2 fr.

Paris. Imprimerie d'ÉVERAT, rue du Cadran, N° 16.

ABRÉGÉ

DE

L'HISTOIRE DE LA MÉDECINE,

DEPUIS SON ORIGINE JUSQU'A NOS JOURS.

CHAPITRE PREMIER.

Origine de la Médecine; État de l'art de guérir jusqu'à Hippocrate.

La médecine est un champ vaste offert aux méditations de ceux qui se vouent à la culture de l'art de guérir et où l'on rencontre, à chaque pas, de grandes difficultés. Cet art réclame de celui qui s'y destine un jugement sain, une patience sans égale, une fermeté peu ordinaire, dont tous les hommes ne sont pas capables. La médecine, suivant l'heureuse expression d'un philosophe, guérit quelquefois, soulage souvent, et console toujours. Elle exige de longues et pénibles études; ces études embrassent l'immensité des siècles, ainsi que nous allons nous en convaincre en esquissant son histoire.

L'âge d'or, la perfection morale et physique,

ne sont pour le philosophe que des rêves heureux : la nature ayant toujours été ce qu'elle est, ce qu'elle sera, l'existence de l'homme a dû, dans tous les temps, être troublée par des souffrances physiques et morales : l'origine de la médecine doit donc dater de celle du genre humain, car, alors comme aujourd'hui, on a cherché à détruire ou à calmer la douleur.

Un instinct naturel a appris à l'homme à préparer ses alimens, à se vêtir, à se loger; ce même instinct lui a inspiré, sans doute, l'idée de se soulager lorsqu'il était souffrant. Le hasard, l'exemple des animaux, ont pu le guider dans la recherche des moyens qu'il devait mettre en usage dans ces circonstances. Conservant le souvenir des maux qu'il avait éprouvés et des substances qui les avaient calmés, il en conseillait l'emploi aux individus qui lui paraissaient atteints du mal qu'il avait ressenti. La médecine, comme on le voit, n'était qu'imitative et fondée sur l'expérience, telle qu'on la trouve encore aujourd'hui chez quelques peuplades sauvages. Les connaissances acquises par l'expérience se transmirent de génération en génération, et pour que chacun pût donner son avis, on exposait le malade sur la voie publique; plus tard, on le portait dans les temples pour y consulter les dieux et les inscriptions ou recettes qui couvraient les colonnes de ces temples. Enfin, la médecine cessa d'être populaire, quelques philosophes en firent une profession spéciale, mais tout ce que nous savons à cet égard, jusqu'à l'époque ou vécut Hippocrate, est plutôt du ressort de la fable que de celui de l'histoire; néanmoins nous ne pensons pas devoir nous abstenir de rapporter les principaux faits parvenus jusqu'à nous.

Pour mettre plus d'ordre dans notre narration, nous diviserons ce chapitre en plusieurs sections : dans la première, nous traiterons de l'état de la médecine chez les Egyptiens; dans la seconde, nous parlerons de la médecine des Israélites; dans la troisième, de celle des Indiens, des Chinois, des Japonais, des Scythes et des Celtes; dans la quatrième, nous indiquerons ce que nous savons de la pratique de l'art médical chez les Grecs; enfin, dans la cinquièmè, nous traiterons de la médecine des anciens Romains.

SECTION PREMIÈRE.

De la Médecine chez les Egyptiens.

Dans l'enfance des sociétés on a dû attribuer à la colère des dieux les maux qui nous affligent, c'est à eux qu'on s'adressait pour en obtenir la cessation. Les prêtres des temples qui leur furent elevés ont été les premiers médecins ou les intermédiaires entre la Divinité et l'être souffrant. Sans vouloir fixer aucune époque précise, ce qui d'ailleurs serait en quelque sorte impossible, essayons de rappeler quelques faits dė la mythologie égyptienne ayant rapport à notre sujet, puisque là seulement nous rencontrons les premières traces de l'exercice de la médecine. Malgré les travaux ordonnés par l'homme le plus étonnant de tous les siècles, il règne encore, sur l'histoire des anciens temps de l'Égypte, tant d'obscurité qu'il est permis d'avouer qu'on ne peut débrouiller ce chaos. Les savans qui accompagnèrent le général Bonaparte sur les déserts brûlans de l'Egypte se sont peut occupés de l'art de guérir; dans les mémoires qu'ils ont publiés, ils ont bien dit quelque chose des momies, sur l'état actuel de la médecine, mais on n'y trouve rien, ou presque rien, qui ait rapport à cet art avant le règne de Psammitique, prince qui, dit-on, introduisit en Égypte, six cent soixante et dix ans avant Jésus-Christ, l'usage de boire du vin.

Suivant la mythologie, les peuplades ou les tribus égyptiennes ont adoré, sous le nom d'*Osiris* (1), une divinité qui leur enseigna l'agriculture, quelques arts utiles, et entre autre la médecine; aussi a-t-il été regardé comme le premier et le plus grand bienfaiteur de l'Égypte.

Isis (2), sœur et femme d'Osiris, fut également placée au nombre des divinités égyptiennes : on lui attribuait de grandes connaissances en médecine, et l'on prétendait, qu'en songe, elle indiquait les re-

(1) On le représente sous la figure d'un homme, avec une mitre, un bonnet pointu et un fouet à la main. Quelquefois au lieu d'un bonnet il a un globe ou une trompe d'éléphant sur la tête.

(2) Elle était représentée avec une tour sur la tête, des lions à ses côtés et un sistre à la main.

mèdes qu'il convient d'administrer aux enfans malades.

Orus, ou *Apollon*, fils d'Isis, cultiva, sous les yeux de sa mère, non-seulement la médecine, mais, il présidait encore à la musique et à la poésie. Les Celtes, sous le nom de *Bélénus*, l'adoraient comme le médecin universel. C'est par lui qu'a commencé le règne des demi-dieux.

Après ces divinités, on cite *Athotis* comme un grand médecin ; ensuite *Hermès*, que l'on confond avec *Taaut* et que les Grecs nomment *Mercure Trismégiste*. Hermès, suivant la fable, écrivit un livre qui renfermait toutes les règles de la science médicale. Les prêtres ou les médecins étaient obligés, sous peine de mort, de s'y conformer. Plus tard on lui attribua d'autres ouvrages : on dit qu'il en composa plusieurs sur l'anatomie et sur les maladies des femmes; mais l'opinion de beaucoup d'historiens est qu'ils ont été écrits par des pythagoriciens modernes et auxquels on n'a attaché le nom d'Hermès que pour leur donner plus d'importance.

Apis, autre divinité égyptienne, figure aussi dans la mythologie comme inventeur de la médecine et comme ayant été le maître d'Esculape. Ce dernier, connu encore sous le nom de *Mendès*, passa pour très-habile. Enfin *Sérapis* est la dernière divinité médicale égyptienne.

Des temples furent élevés aux divinités dont nous venons de parler, et c'étaient leurs prêtres qui exerçaient l'art de guérir; mais, pour combattre les maladies, ils avaient principalement recours à des moyens magiques et superstitieux. Cependant, ils observaient et faisaient observer certaines règles hygiéniques très-appropriées à leur climat; ils prescrivaient de *fréquentes lotions*, des bains; en un mot, ils conseillaient d'entretenir sur soi la plus grande propreté. Ils bannissaient de leur régime des viandes que l'expérience leur avait indiquées comme facilitant le développement de la lèpre, des maladies des yeux et autres.

N'ayant pas de données plus certaines sur les embaumemens que sur l'état de la médecine, nous n'en parlerons pas, nous dirons seulement que cette coutume existait déjà à l'époque où vivait Joseph, puisqu'il ordonna, suivant la *Genèse*, chapitre L, à ses médecins d'embaumer Jacob, son père, et qu'ils employèrent quarante jours pour cette opération. Pour embaumer leurs corps, ils se servaient de plantes aromatiques: on est donc en droit de supposer que les Egyptiens connaissaient la botanique.

S'il entrait dans notre plan de nous occuper des sciences des premiers temps de l'Egypte, nous décririons les progrès que la nation égyptienne fit faire à la musique, à l'astronomie, à la navigation, etc., et nous ne pourrions admettre que l'art médical fût resté dans les ténèbres tandis que les autres se sont élevés à un assez haut degré de perfection. Nous nous demanderions aussi où Moïse a puisé les principes hygiéniques et médicaux qu'il enseignait aux

Israélites? On est forcé de penser que les travaux des Egyptiens, relatifs à la médecine, ont été perdus au milieu des bouleversemens survenus chez une nation, qui, après avoir eu ses beaux jours, ainsi que Rome et la Grèce, est tombée dans l'esclavage et l'ignorance d'où elle n'a pu se relever. Vérité affligeante que prouvera ce que nous allons dire de l'état actuel de l'art de guérir dans cette partie du globe.

Cependant les ténèbres qui couvrirent et couvrent encore l'Égypte se sont momentanément dissipées vers la trois cent-vingt et unième année avant J.-C., sous le régne des *Ptolémées*, ainsi que nous le verrons dans le chapitre suivant, en parlant de l'école d'Alexandrie.

Les Egyptiens modernes croient à la prédestination et peu à la vertu des médicamens qu'on emploie pour combattre les maladies. Ils divisent les substances médicamenteuses en trois classes, en évacuantes, en rafraîchissantes et en échauffantes. Ces substances sont généralement végétales; ils les réduisent en poudre, les mêlent avec du sucre et les administrent sous cette forme. Dans les campagnes, on emploie, en général, comme purgatif, le fruit de la coloquinte, dans lequel on pratique une ouverture et qu'on remplit ensuite de lait ou d'eau. Lorsque le liquide a séjourné quelque temps dans le fruit, on l'ingère peu après, et on obtient des évacuations parfois très-abondantes. Les affections vénériennes sont très-fréquentes dans ce pays, où on les croit inévitables et où on les traite par les sudorifiques, par les bains de vapeur et par les purgatifs. Lorsqu'elles sont peu anciennes, elles cèdent à ce traitement, mais souvent elles occasionent de grands ravages. Les préparations mercurielles sont inconnues en Egypte.

Ainsi qu'on le sait, les ophthalmies y sont très-fréquentes. Pour combattre ces phlegmasies, les habitans ont recours à divers collyres secs composés de substances métalliques, terreuses et alcalines, dont les effets sont souvent désastreux.

Dans la vue d'exciter aux jouissances vénériennes auxquelles l'Egyptien est très-enclin, il fait usage, sous forme d'électuaire, d'opiat ou de boisson, de diverses substances : avec l'ellébore, la feuille de chanvre, l'opium et quelques autres végétaux fortement aromatiques, il compose un opiat connu sous le nom de *Berche, Dyâsmouk, Bernâouy*. La boisson est également composée avec l'ellébore et les feuilles de chanvre. Elle est très-agréable, dit-on, et, prise avec modération, elle occasione une ivresse délicieuse; mais elle est quelquefois dangereuse pour ceux qui en abusent.

Les gens riches, dans le même but, emploient le *philium*; c'est une préparation d'opium purifié et aromatisé, qui ne paraît être autre chose que la thériaque d'Andromaque, dont la composition nous est peu connue.

L'Égyptien est amateur de l'embonpoint: pour se le procurer, il fait un usage habituel de substances mucilagineuses. Il emploie aussi, pour conserver la blancheur de sa peau, une grande quantité de cosmétiques.

L'Égypte est aujourd'hui gouvernée par un souverain qui a compris tous les avantages qu'il peut retirer, pour ses états, de la culture des sciences et des arts; aussi accueille-t-il les savans étrangers et cherche-t-il à les fixer près de lui. Depuis quelques années, il a créé, sous la direction de M. Clot, à Abou-zabel, à la proximité du Caire, une école de médecine et un hôpital destiné à l'instruction des élèves.

DEUXIÈME SECTION.

De l'État de la Médecine chez les Israélites.

L'histoire de la médecine des Israélites ne peut dater que de l'époque où *Moïse* conduisit au désert les enfans d'Israël. Mais, avant d'aller plus loin, disons comment Joçabed, sa mère, sut conserver la vie au prophète législateur des Juifs. Moïse naquit en Egypte quinze cent soixante et onze ans avant Jésus-Christ; il était fils d'un lévi nommé Amrau, et, comme tel, en naissant condamné à mort, Pharaon ayant ordonné de jeter dans le Nil tous les enfans mâles des Hébreux. Pour le soustraire à une loi aussi barbare, Jocabed le cacha pendant trois mois, et ne sachant plus comment le dérober aux regards des Égyptiens, elle conçut le projet de le faire élever par la fille du tyran. A cet effet, elle le renferma dans un coffre de joncs, enduit de bitume, et elle le déposa sur le bord du fleuve, parmi les roseaux, au moment où Thermutis, fille de Pharaon, avait coutume de s'y rendre pour s'y baigner. Les femmes de la princesse aperçurent le coffre, l'ouvrirent, et y trouvèrent un si bel enfant qu'elles le portèrent à leur maîtresse; celle-ci en eut pitié et elle le confia, sans le savoir, aux soins de celle qui lui avait donné le jour. Moïse étant devenu grand fut conduit à sa protectrice qui, en l'adoptant, lui donna le nom qu'il a rendu si célèbre.

Nous ne rapporterons pas toutes les actions du législateur des Hébreux, nous dirons seulement qu'ayant reçu de Dieu ou de l'Éternel la mission de conduire les enfans d'Isaac dans le pays des Cananéens, il ne parvint à la remplir qu'après de nombreuses difficultés. Lorsqu'il fut arrivé dans le désert, où il erra plus de quarante ans, il établit une espèce de gouvernement monastique, et tout en prescrivant des lois sages, il s'occupa aussi de médecine, d'hygiène et d'histoire naturelle. Il a, dans ces sciences, donné des preuves des vastes connaissances qu'il a dû acquérir des prêtres égyptiens

Moïse, au chapitre XI du *Lévitique*, recommande au peuple d'Israël de ne faire usage que des animaux purs, et parmi ceux-là il fait encore un choix judicieux en proscrivant le chameau, le lapin, le lièvre, le pourceau, etc., parce que la chair de ces animaux est d'une digestion difficile, qu'elle se corrompt facilement, surtout pendant les grandes chaleurs et dans les climats chauds. Il proscrit également certains poissons, certains volatiles qu'on sait être vénéneux et indigestes; enfin, il recommande surtout de ne manger aucun animal qu'on sait avoir succombé à la suite de maladie, ou, pour nous servir de ses expressions, *être morts naturellement*.

Il donne également quelques préceptes relatifs à la boisson, dont l'eau était la principale, quoique de son temps on connût déjà le vin et le cervoise, comme on peut s'en convaincre en consultant le chapitre VIe des *Nombres*. Ces boissons, et même le vinaigre, étaient interdits pendant tout le temps que duraient les vœux de ceux qui se faisaient nazaréens.

On trouve, dans les instructions de Moïse, une ordonnance fort sage relativement aux femmes qui ont leurs règles ou des pertes utérines : elles ne pouvaient coucher avec leur mari, ni même avec des personnes de leur sexe.

Les connaissances médicales du législateur des Juifs devaient être très-étendues si nous en jugeons par la manière dont il établit les caractères propres à faire distinguer la lèpre blanche, maladie très-commune chez les Hébreux, de l'ulcéreuse et des affections herpétiques.

Croyant la lèpre contagieuse, il ordonnait la séquestration du lépreux, et sa purification, après guérison. On opérait celle-ci par des prières et des holocaustes où sacrifices propres à apaiser la colère de Jéhova ou l'Éternel, qui avait envoyé la maladie pour punir celui qui en était atteint, et lui faire expier ainsi ses péchés.

Lorsque les Israélites se furent rendus maîtres du pays de Chanaan, ils abandonnèrent la vie nomade et ils formèrent un état dont les prêtres continuèrent à être les chefs et les médecins. Les choses en restèrent là jusqu'au temps de *Salomon*. Ce sage perfectionna singulièrement la civilisation des Juifs, et l'on prétend qu'il composa un livre qui enseignait à traiter les maladies par des moyens naturels. Ce livre fut détruit, dit-on, par *Ezéchias*, parce qu'il nuisait aux intérêts des lévites.

Les successeurs de Salomon ne furent que des princes inhabiles, ils ne purent continuer ce qu'avait entrepris ce grand roi; dès lors, le peuple d'Israël dégénéra et après la captivité de Babylone il se dispersa au milieu des nations plus civilisées que la juive et les idées des Israélites se confondirent avec celles des autres peuples.

TROISIÈME SECTION.

État de la Médecine chez les Indiens, les Chinois, les Japonais, les Scythes et les Celtes.

Quoique les Indiens fassent remonter leur origine à une très-haute antiquité, leur histoire médicale n'en est pas plus avancée. Nous trouvons que les prêtres ou brames se sont emparés de l'exercice de l'art de guérir, et que leur pratique est, comme chez les Égyptiens et le peuple d'Israël, entourée de mystère et de superstitions.

Les Indiens pensent que toutes les maladies sont produites par l'influence d'un mauvais génie, et qu'elles ne peuvent être guéries qu'en l'expulsant, ce qu'ils cherchent à obtenir par des purifications et par des paroles magiques. Pour donner une idée de leur superstition, il suffit de citer un exemple. Lorsqu'un individu est mordu par un serpent venimeux, on jette de l'huile dans un vase qui contient des urines du malade : si l'huile surnage, le blessé ne mourra point, mais si elle se précipite, il périra infailliblement. Néanmoins, ils ne négligeaient pas d'employer une espèce d'arcane fort estimé et qui réussissait assez généralement. L'Indien cherchait encore à connaître l'issue d'une maladie en consultant le cours des astres ou le vol des oiseaux.

Les connaissances médicales des Indiens ne furent pas d'abord consignées dans des livres, elles se transmettaient par tradition du père au fils, mais plus tard, ils composèrent des ouvrages en vers, dans lesquels on ne trouve qu'un amas de recettes ou formules applicables à tous les cas; l'un d'eux est nommé par le missionnaire *Grundler*, *Wagadasastir*.

Les brames n'ont aucune connaissance anatomique; ils prétendent que le corps est composé de cent mille parties; dont dix-sept mille de vaisseaux, chaque vaisseau renferme sept conduits, dans lesquels soufflent dix espèces de vent.

Les Indiens sont divisés en plusieurs castes ou tribus; celle des brames renferme les savans: parmi ceux-ci il existe une secte de philosophes qu'on nomme *samanéens*, qui se subdivisent en deux classes: l'une est celle des *hylobiens*, l'autre, celle des médecins proprement dits. Les premiers habitent dans les bois, les seconds mènent une vie très-sobre, et ils guérissent leurs malades en prescrivant un régime approprié; cependant ils appliquent certains onguens et divers cataplasmes. Suivant eux, toutes les maladies sont occasionées par des vents, des vertiges et par l'altération des humeurs; mais les affections de la peau ne reconnaissent pas d'autre cause que les vents.

Les brames modernes se nourrissent uniquement de végétaux; ils traitent les malades à l'aide d'un régime végétal, par l'usage des bains, des frictions sèches. On assure cependant qu'ils ont une parfaite connaissance des plantes, et qu'ils emploient en pilules le suc de l'euphorbe, la farine de maïs, et, dans quelques cas, la bouse de vache.

L'eau de chaux ne leur est pas inconnue, et dans quelques circonstances graves, ils conseillent la saignée, principalement dans l'angine; ils la pratiquent aux ranines. Dans le choléra-morbus, qu'on sait être endémique dans leur pays, ils emploient les caustiques, ainsi que pour combattre la fièvre lente. On prétend qu'ils possèdent un onguent qui a la propriété de faire disparaître les taches de la petite-vérole.

Les brames explorent beaucoup le pouls, et ils ont un soin particulier d'examiner le visage tandis qu'ils ont le doigt sur l'artère, parce que, suivant eux, tout changement du pouls entraîne un changement dans les traits de la face.

Les arts libéraux n'ont jamais fait de grands progrès chez les nations esclaves, c'est une vérité démontrée par l'histoire générale; nous ne devons donc pas nous attendre à de vastes connaissances chez les Chinois, peuple orgueilleux, superstitieux, et sur lequel pèse le plus odieux despotisme.

On prétend que les Chinois possèdent, depuis plus de quatre mille ans, un Code médicale composé par *Hoang-ti;* cependant, suivant le témoignage de quelques mandarins instruits, son existence ne daterait que de deux cent trente ans avant l'ère vulgaire. On dit aussi qu'il y avait à Pékin, dans des temps reculés, des écoles impériales où l'on enseignait la médecine et l'astrologie judiciaire. Si ces écoles ont existé, il n'en reste plus aucune trace.

Les Chinois n'ont que de faibles notions sur l'anatomie, et encore sont-elles très-inexactes. Leur physiologie est des plus absurdes : les corps, suivant eux, sont composés de deux élémens, le feu et l'humidité ; leur réunion produit la vie et leur division occasione la mort. L'humidité réside dans le cœur, le poumon, les reins et la rate ; le feu a son siége dans l'estomac, les intestins, la vésicule du fiel, les uretères, et les organes génitaux : ce sont là les douze portes de la vie. *Duhalde* prétend qu'ils connaissent la circulation du sang, ils la font commencer dans le poumon et finir dans le foie. Le temps nécessaire pour qu'elle s'effectue est de vingt-quatre heures ; pendant ce laps de temps, il s'opère de cinquante-quatre à soixante-sept mille pulsations, et seulement trente-cinq mille cinq cents respirations.

Les médecins chinois attribuent toutes les maladies aux esprits et aux vents.

Pour établir leur diagnostic, ils consultent principalement l'état du pouls. Ils prétendent par son exploration pouvoir reconnaître non-seulement des maladies, mais encore en indiquer le siége. Ils tâtent le pouls au carpe dans trois endroits ; ils désignent ces endroits sous les noms de *kun, quoan* et *che*. *Kun* est le lieu le plus près de la main ; du côté gauche, il indique les maladies du cœur et du péricarde ; du côté droit, il annonce les affections du poumon. *Che* est un lieu plus éloigné de la main ; du côté gauche, il indique les maladies du rein gauche et des intestins grêles ; du côté droit celles du rein droit et des gros intestins. *Quoan* est le point intermédiaire qui existe entre ceux que nous venons de désigner ; du côté gauche, le pouls tâté à cet endroit annonce les altérations de l'estomac et de la rate ; à droite, celles du foie et du diaphragme. Enfin, ils établissent dans le pouls une foule d'autres distinctions que nous croyons inutile de rapporter ; celles que nous venons de citer sont plus que suffisantes pour faire apprécier un tel système.

Leur diagnostic est encore établi sur l'état de la langue ; mais il est impossible de lire quelque chose de plus absurde sur ce sujet, que ce qu'on trouve dans l'ouvrage de *Cleyer*.

Le régime remplit, dans tous les cas, la principale indication ; cependant, quoique rarement, ils ont recours à la saignée, ils prescrivent beaucoup de bains ; ils font aussi usage des ventouses, de la cautérisation, du moxa et de l'acupuncture ; cette opération est pratiquée avec des aiguilles d'or.

Les Chinois possèdent, disent-ils, une *panacée* capable de conduire à l'immortalité : la principale substance qui entre dans sa composition est la racine de *ginseng*.

L'art des accouchemens, dans l'empire de la

Chine, est exercé par des femmes qui l'étudient sur des planches informes.

Au Japon, la science médicale est dans le même état qu'en Chine, ce que ne peut concevoir celui qui connaît l'esprit actif et remuant de ce peuple idolâtre.

Le Japonais est très-sujet à la goutte; pour la combattre, il emploie le cautère actuel; il oppose le moxa à l'épilepsie et l'acupuncture, qu'il pratique indistinctement avec des aiguilles d'or ou d'argent, à une espèce de phlegmasie des testicules endémique dans le pays.

Les préjugés exercent au Japon une très-grande influence, un seul exemple suffira pour donner une idée de leur empire sur l'esprit public : un malade, atteint de petite-vérole, succomberait infailliblement si on oubliait de tendre sa chambre en rouge.

Il existe au Japon et principalement à Jedo, capitale de l'empire, beaucoup de magiciens qu'on nomme *ermites sintoïques* ou *jammabos*. Ces hommes prétendent guérir les malades en déposant devant les idoles un papier sur lequel on a décrit la maladie, et qui sert ensuite à envelopper des pilules, dont la composition nous est inconnue, et qu'on administre par fraction.

Les Japonais possèdent assez bien la botanique, et ils ont des notions, qu'on dit très-exactes, sur l'histoire naturelle.

Nous avons peu de chose à dire de l'état de la

médecine de cet ancien peuple connu sur le nom de *Scythes* qui habitait la Russie dans sa partie méridionale, depuis la mer Noire jusqu'au mont Oural. Les Scythes qu'on désignait sous le nom de savans n'étaient que des magiciens et des prêtres qu'une longue abstinence rendait très-irritables, irritabilité portée quelquefois jusqu'à l'état convulsif. Ces hommes prétendaient, en se servant de l'écorce du tilleul, pouvoir prédire quelle serait l'issue d'une maladie; suivant les Grecs, cette science leur fut communiquée par Vénus.

L'histoire ne nous a transmis le nom que de trois Scythes qui ont joui d'une certaine réputation. *Abaris-l'Hyperboréen* a été renommé pour avoir guéri plusieurs malades en employant la magie et les charmes, ainsi que pour avoir fait cesser une épidémie. Ce philosophe doit surtout sa réputation à sa grande sagesse et à ses vertus, qui furent admirées par les Athéniens, peuple chez lequel il fut envoyé en ambassade vers cinq cent soixante-quatre ans avant Jésus-Christ. Après lui on cite *Anacharsis*, qui étudia la médecine en Grèce. De retour dans sa patrie, il enseigna à ses compatriotes le régime qu'ils devaient suivre dans les maladies aiguës, et la manière dont on devait s'y prendre pour apaiser le courroux des dieux. Son compagnon de voyage, *Toxaris*, a aussi, comme médecin, joui de quelque réputation.

Les savans celtes portaient le nom de *druides;*

ils étaient juges, législateurs, prêtres, médecins et devins. Plus tard, ils se divisèrent en trois classes; les uns conservèrent le nom de *druides*, c'étaient les législateurs des Gaulois et des Belges; les autres se nommaient *eubages*, ils étudiaient la nature; enfin on appelait *bardes* les druides qui cultivaient la poésie, la musique et l'histoire.

Les druides pour s'emparer de l'autorité disaient au peuple qu'ils avaient des relations avec les dieux; cette imposture contribua beaucoup à maintenir la puissance en leurs mains.

Les druides étaient mariés, leurs femmes s'appelaient *alraunes*; elles expliquaient les songes, soignaient les guerriers blessés, recueillaient des plantes auxquelles elles attribuaient des vertus magiques. Elles étaient sorcières, et sous ce rapport elles firent beaucoup de mal.

Chez les Celtes, la racine de gui était en grande faveur, c'était leur *panacée*, mais pour qu'elle fût bonne elle devait être cueillie le premier jour de l'année.

C'est là tout ce que nous avons à dire de la médecine des anciens Celtes; leurs druides ne révélaient leurs mystères qu'aux initiés, et cette révélation n'avait lieu que dans des lieux écartés, dans les bois sacrés.

QUATRIÈME SECTION.

État de la médecine chez les Grecs jusqu'au temps d'Hippocrate.

L'histoire nous enseigne qu'en Grèce, comme en Égypte, dans les premiers siècles du monde, la médecine y fut exercée par les divinités, par les prêtres, par les héros et ensuite par les philosophes; tous mirent en usage des moyens mystiques et superstitieux pour capter la confiance publique.

Il paraît que ce furent les *curètes* et les *cabires* qui portèrent les sciences dans le Péloponèse, et qui instruisirent les anciens peuples de ces régions dans les jongleries sacrées au moyen desquelles ils prétendaient que leurs dieux guérissaient les maladies. Les premiers, d'origine orientale, se rendirent d'Égypte en Grèce sous la conduite de *Deucalion*; les seconds, originaires de la Phénicie et de la Phrygie, s'y transportèrent ayant *Cadmus* à leur tête.

Les *dactyles*, leurs descendans, propagèrent, dans l'île d'Égée, sous une forme symbolique, le culte de leurs dieux, au nombre desquels étaient *Apollon*, *Diane*, sa sœur, et l'accoucheuse *Ilythie*.

Apollon, que les anciennes traditions grecques placent au premier rang des divinités médicales, est regardé comme le dieu protecteur de la médecine. On le dit fils du Soleil, et les fabulistes prétendent qu'il avait de grandes connaissances en musique ainsi que dans l'art divinatoire.

Diane, sa sœur, ne fut d'abord honorée que comme déesse de la chasse, mais plus tard on en fit une seconde divinité médicale, elle fut adorée à Pellène sous le nom de *conservatrice*. On lui attribue l'invention de l'éducation physique des enfans. Le temple qui lui fut élevé à Éphèse a été brûlé par *Érostrate*, trois cent cinquante-six ans avant J.-C., le jour de la naissance d'Alexandre-le-Grand.

Ilythie était la plus ancienne divinité médicale des Grecs, nous la retrouverons à Rome sous le nom de *Lucine*. Elle présidait aux accouchemens. La fable fait mention de deux Ilythies, l'une favorable et l'autre défavorable; celle-ci était généralement considérée comme une empoisonneuse et comme une magicienne.

Orphée, fils d'Œagre et de Calliope, ou, suivant d'autres, d'Apollon et de Clio, appartenait à la race des dactyles; ce dieu, si renommé par sa descente aux enfers, était, suivant la mythologie, poète et médecin. On prétend qu'il inventa des tables sur lesquelles étaient inscrits des signes mystiques ou des formules magiques. On s'en est servi long-temps, et on les désignait sous le nom de *tables orphiques*. On attribue à *Orphée* quelques ouvrages sur les plantes et sur les préparations des médicamens.

Nous ne pouvons séparer le nom de *Musée* de celui d'Orphée. *Musée*, fils d'*Antiophème*, est considéré par quelques écrivains comme ayant été le maître d'*Apollon*; d'autres, au contraire, pensent qu'il était son élève et son fils; quoi qu'il en soit, il avait, dit-on, de grandes connaissances en médecine et surtout dans l'art divinatoire.

Après ces personnages allégoriques, on en cite un autre, c'est *Mélampe*, berger, poète et médecin. En médecine, il se rendit très-célèbre par les cures qu'il opéra. Tout en se conformant aux usages reçus, il ne laissait pas que de prescrire des moyens naturels pour combattre les maladies; c'est ainsi que, par l'emploi de l'oxide de fer, il guérit *Iphiclus* de son impuissance; mais il eut soin de dire qu'un épervier lui avait indiqué cet agent. On raconte de lui une cure bien plus importante : les filles de Pétrus, roi d'Argos, ayant insulté la statue de Junon, furent, suivant les uns, changées en vaches, et suivant d'autres, couvertes de lèpre; Mélampe leur rendit la santé en faisant des sacrifices à Junon, et en prescrivant aux princesses l'usage de l'ellébore blanc et des bains. Pour récompenser le médecin, Pétrus lui donna *Iphianasse* en mariage et une partie de ses états.

Bacis, autre divinité mythologique des Grecs, a joui d'une réputation presque égale à celle de Mélampe. Les Arcadiens, les Athéniens, les Béotiens, se glorifiaient d'avoir possédé un personnage de ce nom.

En Grèce, la médecine était encore exercée par un grand nombre de héros dont la plupart ont été les élèves du *centaure Chiron*.

Chiron-le-Centaure, fils de Saturne et de Philyre, vivait en Thessalie; il cultiva la botanique, et il paraît qu'il savait, avec habileté, employer les végétaux dans le traitement des maladies, car c'est par leur usage qu'il parvint à guérir *Phénix* d'une cécité réputée incurable. Chiron, homme sauvage et dur, passa pour très-hospitalier, pour musicien, législateur, astronome et surtout pour habile médecin. On dit qu'il mourut à Malée des suites d'une blessure qu'il se fit avec une des flèches d'Hercule trempée dans le sang de l'hydre de Lerne.

Les Grecs lui rendirent des honneurs divins.

Chiron eut un grand nombre de disciples, et parmi eux on compte presque tous les héros de la Grèce, tels qu'*Achille*, si fameux dans la guerre de Troie; *Ulysse*, *Hercule* qui s'est rendu immortel pour avoir exterminé l'hydre de Lerne, allégorie par laquelle on a voulu désigner le desséchement d'un marais dont les exhalaisons portaient la mort au loin; *Jason*, chef des Argonautes; *Aristée*, qu'on dit être mort d'hydrophobie, etc., etc. Mais nous devons principalement fixer notre attention sur *Esculape*, qui fut le plus renommé de tous.

Esculape ou *Asclépios*, fils d'Apollon et de la nymphe Coronis, est né dans le Péloponèse. Nous ne rapporterons pas toutes les fables qui ont été racontées sur sa naissance; nous nous bornerons à dire qu'il fut élevé par le centaure Chiron, qui lui enseigna plusieurs arts utiles et entre autres la médecine.

Esculape s'occupa surtout des maladies externes; il traitait les plaies et les ulcères par des incisions, par l'application des végétaux et par des invocations aux dieux. C'est également par des invocations, par la diète et par la gymnastique, et particulièrement par l'équitation qu'il guérissait les maladies internes. Esculape est considéré comme le fondateur de la médecine clinique, c'est-à-dire, il est le premier qui ait visité les malades aux lits.

Ce médecin s'acquit une telle réputation qu'on le mit au rang des dieux, et qu'on lui éleva, ainsi qu'à ses descendans, des temples dans plusieurs villes, et dont les principaux sont ceux de *Titane*, dans le Péloponèse; de *Tricca*, en Thessalie; de *Tithorée*, dans la Phocide; d'*Épidaure*; de *Cos*; de *Mégalopolis*, en Arcadie; de Cyllène, dans l'Élide; et de *Pergame* dans l'Asie-Mineure. Le plus célèbre de ces temples fut d'abord celui d'Epidaure, mais celui de Cos s'acquit, par la suite, une plus grande vénération.

Les temples élevés en l'honneur d'Escuiape et des autres dieux de la médecine étaient situés dans des lieux très-salubres, très-agréables, où l'œil n'avait rien à désirer, et dans lesquels on voyait un grand nombre de statues entourées d'inscriptions symboliques.

Dans le temple d'Épidaure, la statue d'Esculape représentait, assis sur un trône, un vieillard ayant une longue barbe, tenant d'une main un bâton noueux et de l'autre saisissant un serpent, un chien étendu à ses pieds.

Il est facile de comprendre le sens de ces allégories où le serpent joue le principal rôle.

Pour pénétrer dans les temples, il fallait se soumettre à certaines règles : le malade devait d'abord, pendant plusieurs jours, observer une abstinence complète, se priver surtout de vin, être pur de cette boisson ; il était ensuite admis à en parcourir les avenues, mais accompagné par un prêtre qui lui expliquait les diverses inscriptions qu'on rencontrait à chaque pas; ces explications ne manquaient jamais d'avoir lieu en termes mystiques. La promenade étant terminée, des sacrifices étaient offerts aux dieux, et pendant l'holocauste on chantait des hymnes et une musique harmonieuse venait se mêler aux chants. Tout cela étant terminé, le malade devait se baigner ; à la suite du bain, on le frictionnait par tout le corps avec une espèce de brosse, assez rude, nommée le *xystre*. Cette pratique était surtout usitée à Pergame.

Enfin le malade était mis en présence de l'oracle; mais il n'en recevait de réponse qu'après avoir été soumis à des fumigations qui, en général, et conjointement avec les fatigues précédentes, provoquaient le sommeil; c'est alors que le dieu de la santé lui indiquait en songe ce qu'il devait faire pour obtenir une guérison complète.

Les médicamens que prescrivait l'oracle étaient, presque toujours, de nature à ne faire ni bien ni malet, l'on avait soin de leur donner un nom allégorique. Cependant quelquefois on recevait des conseils très-insensés tels que ceux qui ordonnèrent à Aristide de se faire tirer cent vingt livres de sang, etc.

Dans certaines circonstances, les songes étaient tellement obscurs que les malades ne pouvaient les interpréter; alors ils se les faisaient expliquer par les prêtres du temple, ou par les gardiens qu'on nommait *intercesseurs*.

Lorsque le malade était guéri, il allait publiquement remercier les dieux, il apportait des présens aux prêtres, et assez généralement il faisait modeler en or, en argent ou en ivoire la partie qui avait été le siége de l'affection. Dans d'autres circonstances, il déposait seulement un tableau au bas duquel on indiquait les symptômes de la maladie et les moyens mis en usage pour en obtenir la guérison. C'était là ce qu'on nommait *tables votives*.

Si le malade succombait, on attribuait sa mort à un défaut d'obéissance ou de confiance dans les oracles.

Esculape eut deux filles dont l'une se nommait *Panacée* et l'autre *Hygie*. Il est des auteurs qui prétendent qu'elles n'étaient point ses filles, mais seulement ses sœurs. Quoi qu'il en soit, *Hygie* est considérée par les fabulistes comme la déesse de la santé.

Ce médecin eut également deux fils : l'aîné, connu sous le nom de *Machaon*, se livra principalement à la chirurgie; le second, nommé *Podalire*, cultiva plus particulièrement la médecine. Ils se rendirent l'un et l'autre au siége de Troie, où ils exercèrent leur profession. On cite comme une cure remarquable celle que fit *Machaon* en guérissant *Philoctète* de sa blessure, au moyen du sommeil salutaire qu'il sut lui procurer. On dit qu'il mourut en Messénie auprès du sage *Nestor*.

Podalire, après le siége de Troie, donna des soins à la fille du roi Damætus ; il lui rendit la santé, en la saignant aux bras, et il l'épousa ensuite.

Machaon eut cinq fils, *Alexénor*, *Sphyrus*, *Polémocrate*, *Gorgasus* et *Nicomaque*, qui exercèrent aussi l'art de guérir.

Les descendans d'Esculape, sous le nom des *Asclépiades*, formèrent, comme les prêtres égyptiens, une caste particulière qui était en possession de l'exercice de la médecine et du culte mystérieux de son fondateur. Les connaissances médicales que possédait la famille des Asclépiades, dont *Nébrus* fut le plus renommé, se transmettaient, par tradition, de père en fils. Pendant très-longtemps, elles n'ont été connues que d'eux, mais plus tard quelques étrangers, sous la foi du serment, furent initiés à leurs mystères, que quelques philosophes cherchèrent à pénétrer; ce fut alors que le raisonnement commença à s'introduire dans l'étude des maladies. Les philosophes médecins s'occupèrent d'abord de gymnastique, d'éducation physique ; enfin, ils poussèrent leurs recherches jusqu'à vouloir découvrir la nature de l'ame et celle des fonctions animales tant dans l'état normal que dans l'état anormal.

C'est vers cette époque, c'est-à-dire cinq cent quarante années avant Jésus-Christ, que parut *Pythagore*. Il créa une école qui doit fixer l'attention du médecin.

Ce philosophe naquit à Samos, il était fils d'un sculpteur; il exerça d'abord le métier d'athlète; mais, après avoir entendu un discours de *Phérécyde* sur l'immortalité de l'ame il s'adonna à l'étude de la philosophie, et s'acquit par la suite une très-grande réputation. Pour s'instruire dans les diverses branches des sciences humaines, il abandonna sa patrie, parcourut l'Égypte, la Chaldée, l'Asie-Mineure, enfin il revint à Samos; mais il sortit bientôt de cette ville, et alla se fixer en Italie dans cette partie qu'on appelait la Grande-Grèce et qui aujourd'hui forme le royaume de Naples. Il habitait tantôt Héraclée, tantôt Tarente, mais principalement Crotone, où il éleva une école qu'on a nommés, *Italique*, et il mourut, dit-on, à Métaponte âgé de quatre-vingts à quatre-vingt-dix ans, dans un état de misère. Cruelle destinée qui n'est que trop souvent celle des vrais philantropes!

Les statuts de la secte pythagoricienne prescrivaient le *silence aux néophytes* pendant deux ou cinq ans selon les dispositions qu'on leur reconnaissait, et ils avaient aussi pour objet de procurer un grand développement des facultés physiques et morales. Cet ordre était secret et mystérieux. Les membres qui le composaient vivaient en commun, s'habillaient de même; ils prenaient souvent des bains, pour entretenir sur eux la propreté; leur régime était simple et frugal. On prétend, mais c'est à tort, que Pythagore défendit les viandes et le poisson; il n'a proscrit que les plus indigestes; et, à cet égard, il a suivi la pratique des Égyptiens ses maîtres. On dit aussi qu'il ne permettait pas qu'on fît usage de haricots ou féves; mais *Aristoxène*, pythagoricien moderne, assure que le philosophe de Crotone en mangeait lui-même et qu'il les regardait comme un bon aliment. Suivant lui, ces mots remarquables *Abstiens-toi de haricots* signifiaient que les pythagoriciens ne devaient pas se mêler de politique, et devaient se dispenser de voter dans les assemblées lors de l'élection des magistrats. On sait qu'à cette époque les votes se faisaient en déposant dans l'urne un haricot blanc ou noir, et cet usage était encore suivi naguère en Hollande.

L'activité qui règne dans la nature ne reconnaît d'autre cause que la chaleur et le feu qui l'a produite; c'est sur cette idée primordiale qu'est basée toute la physiologie de Pythagore. Suivant lui, l'ame est composée de deux parties, dont l'une est raisonnable, ayant son siége dans l'encéphale, et l'autre non raisonnable, réside dans le cœur.

Le sperme est une goutte du cerveau qui renferme une vapeur chaude, et qui communique à la matrice une humidité visqueuse. La génération est le résultat du mélange de la semence du mâle avec celle de la femelle.

L'homme, d'après les principes du philosophe dont nous parlons, s'il veut jouir d'une bonne santé, ne doit se livrer à aucune passion, éviter même les émotions de la joie. Ses préceptes, relatifs aux jouissances vénériennes, convenaient surtout aux habitans du pays où il vivait; il défendait aux jeunes gens de s'y livrer de trop bonne heure, et, pour les en éloigner, il conseillait de les occuper sans cesse à l'étude des sciences et aux exercices gymnastiques. L'adulte ne devait jamais se rapprocher du sexe après le repas et surtout s'il avait commis quelque excès.

Les pythagoriciens définissaient la santé : la constitution primitive ou une véritable harmonie; et la maladie, le dérangement de cette constitution.

Dans le traitement des maladies, ils avaient recours à la magie ainsi qu'à l'emploi de quelques moyens externes, tels que cataplasmes, onguens, bains, mais principalement à la gymnastique, et jamais ils ne pratiquèrent d'opération.

On dit que Pythagore croyait que l'oxymel scillitique jouissait de la propriété de prolonger la vie.

Nous ne parlerons pas du système qu'on prétend que le philosophe de Samos a établi sur les nombres de son année climatérique, de sa métempsycose; ces choses-là nous paraissent si ridicules, qu'il nous est difficile de croire qu'un homme tel que Pythagore ait pu se livrer à de semblables rêveries. Cependant quel est le génie qui n'a pas eu ses aberrations? Le système des nombres est d'ailleurs exposé, même par Aristote, avec tant d'obscurité, qu'il ne nous a pas été possible d'en saisir l'ensemble.

Le plan et l'objet de cet ouvrage ne nous permettent pas de rapporter les travaux de Pythagore en législation; nous dirons seulement que pour éclairer cette science il s'est servi avec succès de ses notions en médecine.

Relativement à ses principes de morale, nous ne pouvons mieux les faire connaître qu'en citant le passsage suivant, que nous empruntons à *Justin*: « Ayant trouvé (Pythagore) les habitans de Crotone livrés au luxe et à la débauche, il les rappela par son pouvoir aux règles de la frugalité. Il » louait tous les jours la vertu, et en faisait sentir la » beauté et les avantages. Il représentait vivement » la honte de l'intempérance, et faisait le dénombrement des états dont ces excès vicieux avaient causé » la ruine. Ses discours firent une telle impression sur » les esprits, et causèrent un changement si général » dans la ville, qu'on ne la reconnaissait plus, et » qu'il n'y resta aucune trace de l'ancienne Crotone. » Il parlait aux femmes séparément des hommes et » aux enfans séparément des pères et des mères. Il » recommandait aux femmes les vertus de leur » sexe, la chasteté, la soumission envers leurs maris; aux jeunes gens, un profond respect pour » leurs pères et leurs mères, et du goût pour l'étude » et les sciences. Il insistait principalement sur la

» sobriété, mère de toutes les vertus. Il obtint des » dames qu'elles renonçassent aux étoffes précieuses » et aux riches parures, qu'elles considéraient » comme des ornemens nécessaires à leur rang, » mais qu'ils regardaient comme l'aliment du luxe » et de la corruption. Il exigea qu'elles en fissent » un sacrifice à la principale divinité du lieu qui » était *Junon*, etc. »

Pythagore eut de nombreux disciples, parmi lesquels on cite *Alcméon*, *Empédocle*, *Epicharme*.

Alcméon, fils de Piritus, acquit une brillante réputation. Il paraît qu'il est le premier des philosophes qui se soit occupé d'anatomie, mais on ne peut admettre, avec quelques auteurs, qu'il ait disséqué des cadavres humains; les règles ou les lois des pythagoriciens, prescrivant le plus grand respect pour les morts, suffisent pour repousser cette assertion; aucun des partisans de cette école n'eût osé porter le couteau sur le cadavre d'un homme. Quoi qu'il en soit, Alcméon s'est adonné à l'étude de l'anatomie des animaux. Et il est probable que c'est en s'y livrant qu'il a acquis quelques notions sur la structure de l'œil et qu'il a découvert l'ouverture qui communique du pharynx à l'oreille, connue aujourd'hui sous le nom de trompe d'Eustache ou de conduit guttural.

On croit également qu'il est le premier qui ait écrit sur la physiologie. Suivant lui, l'ame raisonnable a son siége dans le cerveau; les sons nous parviennent par le vide; les odeurs nous sont transmises par la respiration, et les saveurs par la mollesse, l'humidité et la chaleur de la langue.

Alcméon, ainsi que tous les anciens philosophes, a beaucoup médité sur la génération; d'après lui la semence vient du cerveau, et, pour appuyer son opinion, il disait que toutes les personnes qui s'adonnent avec excès aux jouissances vénériennes éprouvent un affaiblissement dans les facultés morales; le mélange de la semence du mâle et de la femelle est nécessaire pour que la conception ait lieu; la tête, siége de l'ame raisonnable, se développe la première; le fœtus se nourrit par les pores qui absorbent les matériaux destinés à son accroissement.

C'est à ce philosophe qu'on doit la première théorie du sommeil. Il l'expliquait en disant que le sang abandonnait les gros vaisseaux pour se porter en abondance dans le cœur et dans la tête, et qu'il cessait dès que le fluide se dispersait de nouveau. Sa stagnation, dans ces organes, occasione la mort.

La santé, suivant le médecin de Crotone, consiste dans l'harmonie des fonctions et les maladies dans leur discordance. Il combattait ces dernières par l'emploi de quelques agens naturels, mais surtout par des moyens magiques.

Empédocle, natif d'Agrigente, fut un disciple très-distingué de Pythagore. Il ne suivit pas toujours les préceptes du maître, il s'est écarté sur plusieurs points des principes de son école.

Ce philosophe admit quatre élémens dans la nature, *le feu*, *l'air*, *la terre* et *l'eau*. Ces élémens sont devenus par la suite la base de quelques théories médicales. Les causes agissantes qui donnent à ces corps la propriété de produire tous les autres, reçurent les noms symboliques d'amitié (attraction) et d'*inimitié* (répulsion); l'une tire tout du chaos, l'autre y fait tout rentrer.

Empédocle pensait que l'ame de l'homme, dont il plaçait le siége dans le sang, est identique, non-seulement avec celle des dieux, mais encore avec celle des végétaux, puisque toutes émanent de l'ame générale du monde.

Il prétendait que l'embryon n'est ni le produit de la semence de l'homme, ni de celle de la femme, mais d'une matière qui résulte du mélange de l'une et de l'autre, et qu'il reçoit sa forme ou de la prédominance de l'une des deux liqueurs prolifiques, ou de l'imagination de la mère, plus ou moins mise en jeu, et enfin que le sexe dépend uniquement du degré de chaleur de la matrice : le mâle naît dans une matrice chaude et la femelle dans une froide.

Les femmes sont toujours plus disposées au coït après leurs règles qu'avant.

Toutes les parties de l'embryon sont développées du trente-sixième au quarantième jour.

Ce fut lui qui appela *amnios* les membranes qui enveloppent le fœtus, et qui nomma *eaux de l'amnios*, le liquide dans lequel il nage.

Nous ne rapporterons pas toutes les opinions émises par Empédocle sur la physiologie, sur laquelle il a écrit six livres en vers hexamètres, parce qu'elles sont par trop éloignées des idées reçues, mais elles n'en démontrent pas moins l'homme de génie.

La grande célébrité dont Empédocle a joui paraît être due aux trois circonstances que nous allons rapporter :

Le sirocco soufflait avec impétuosité à travers une ouverture qui existait entre deux montagnes et donnait lieu à une mortalité effrayante dans le pays. Empédocle fit construire un mur élevé, qui, en réunissant les deux montagnes, opposa une barrière aux vents; dès-lors l'épidémie cessa à la satisfaction générale d'une population désolée.

Pendant une peste qui se déclara à la suite d'une éclipse de soleil, il sauva beaucoup de monde au moyen de fumigations et de bûchers magiques.

La ville de Sélinonte était en proie, au rapport de Diodore d'Éphèse, à une maladie endémique, due aux exhalaisons des eaux stagnantes. Empédocle la fit cesser en conduisant une eau vive et pure dans les marais.

Ces faits ingénieux prouvent les talens d'un grand homme qui termina misérablement sa carrière au milieu des flammes de l'Etna, où il s'est précipité, suivant les uns, et suivant d'autres, où il est tombé par accident.

Épicharme, a joui, si l'on en croit Pline, d'une brillante réputation comme médecin; il prétend qu'il a composé plusieurs écrits sur l'art de guérir, mais cet auteur ne cite aucun passage des productions qu'il attribue a ce disciple de Pythagore, lequel disait souvent que les dieux nous vendent tous les biens pour du travail.

Un sage de l'antiquité, dont la théorie physiologique a exercé une grande influence sur le système des dogmatiques, est *Anaxagore* de Clazomène. *Rien ne vient de rien*, disait-il, et cette opinion était aussi celle de la plupart des anciens philosophes. Anaxagore partant de ce principe, admit l'éternité des *atomes* ou *corpuscules*, dont les uns sont *similaires* et les autres *dissemblables*, lesquels sont *rassemblés* ou *divisés* par l'intelligence suprême : de ces atomes naissent tous les autres corps de la nature.

L'ame de l'homme n'étant, d'après ce sage, qu'une émanation de l'ame générale de l'univers, est la même que celle des animaux et des végétaux, etc.

La physiologie d'Anaxagore ne nous a éte transmise que par *Aristote*, mais, comme cet auteur est souvent très-diffus, il est assez difficile de le suivre dans le compte qu'il rend du système physiologique du contemporain d'Empédocle, qui, ainsi que tous les philosophes des premiers siècles, s'est beaucoup occupé des fonctions de la reproduction.

Anaxagore croyait que, dans l'acte de la génération, la mère ne faisait que fournir la place destinée à l'accroissement de l'embryon lancé dans l'utérus, et que la semence partait de la moelle épinière. Cette idée lui est venüe après avoir observé une extrême maigreur chez les hommes qui se livrent trop souvent au coït. Les garçons, suivant lui, occupent le côté droit de la matrice, et les filles le côté gauche de cet organe. La tête, siége de la pensée, se développe la première, et le fœtus reçoit sa nourriture du cordon ombilical.

Dès la plus haute antiquité, on admettait déjà que la bile était susceptible d'occasioner de graves maladies, puisque Anaxagore dit que, lorsque ce fluide pénètre dans les poumons, dans les vaisseaux et dans la plèvre, il est la cause de toutes les affections aiguës. Nous verrons par la suite que ce transport, s'il a lieu, est un effet et non une cause de maladie. Anaxagore mourut de misère à Lampsaque, vers 428 avant J.-C.

Démocrite, natif de Milet, passa une grande partie de sa vie à Abdère, c'est pourquoi on le désigne sous le nom de *Démocrite d'Abdère*. Ce philosophe voyagea beaucoup ; il visita la Perse et l'Égypte ; ce fut des prêtres de ce pays qu'il acquit les connaissances qu'il possédait dans les sciences et principalement dans la magie. Sur la fin de ses jours il devint aveugle, et cette circonstance n'est pas parvenue jusqu'à nous sans avoir été entourée de récits fabuleux; il en est de même de sa mort qu'on raconte diversement et qui eut lieu trois cent soixante-et-un ans avant J.-C.

Démocrite adopta la doctrine des atomes et du

vide, système que *Leucippe* inventa ; ils pensaient l'un et l'autre qu'ils étaient innés et dans un mouvement continuel.

Démocrite fut le premier qui professa publiquement le matérialisme. Il disait que l'ame, de forme sphérique, est de nature innée, aérienne et indivisible, qu'elle est la cause du mouvement et de toutes les sensations.

D'après le philosophe d'Abdère, la vision s'opère lorsque les corpuscules indivisibles, presque tous de nature aqueuse, revêtus de la figure des corps d'où ils émanent, arrivent à l'œil, se réunissent aux humeurs qu'il renferme, et retracent ainsi l'image qui leur a donné naissance.

Il expliquait l'audition en disant que les corpuscules s'unissent aux particules sonores de l'air.

La respiration est indispensable à la continuité de la vie, une foule de substances immatérielles existent dans l'air ambiant et empêchent l'ame de se séparer du corps.

Suivant le même philosophe, la semence est de nature aérienne, elle vient de toutes les parties du corps. L'embryon se forme d'abord à l'extérieur, ensuite la nature s'occupe des organes intérieurs. Le fœtus se nourrit par l'ombilic. Les monstres sont dus à la réitération trop fréquente du coït.

On a de Démocrite plusieurs livres qui traitent des épidémies, du régime, de la fièvre, des causes des maladies. On lui attribue aussi divers ouvrages sur la chimie et sur l'art divinatoire.

Héraclite d'Éphèse pensait que le feu était la matière première, que tous les corps doivent leur origine à sa condensation ou à sa raréfaction, tous sont produits par l'*inimitié* des parties homogènes et tous sont détruits par leur *amitié*. On voit que, sur cet objet, son opinion était opposée à celle d'Empédocle. L'ame du monde est une émanation du feu, comme celle de l'homme est une émanation de celle du monde; elle participe à la nature éthérée et innée de la première. C'est là tout ce que nous pouvons extraire de raisonnable de son ouvrage sur la nature, tant est embrouillé ce que nous en connaissons, malgré le soin que prit Marie-Étienne en en faisant imprimer quelques fragmens, en 1573, avec les œuvres de Démocrite.

Jusqu'ici nous avons vu que la médecine fut exercée mystérieusement, dans des temples par des prêtres, et dans des écoles par des philosophes; mais ces derniers jetèrent le masque de l'hypocrisie, ce qui eut lieu principalement à l'époque de la destruction de l'école de Pythagore; alors ils avouèrent en public qu'ils guérissaient les malades par des moyens naturels. Ces médecins prirent le nom de *Périodentes*, parce qu'ils allaient de contrées en contrées exercer leur art.

Parmi les pythagoriciens qui furent obligés de fuir la grande Grèce, on cite *Démocède*, qu'Hérodote range parmi les plus célèbres médecins du siècle. Après s'être évadé de Crotone, il se rendit à Platée, et pratiqua la médecine à la cour de *Po-*

lycrate. On le cite pour avoir traité d'une entorse le fameux *Darius*, que les prêtres égyptiens n'avaient pu guérir, et pour avoir délivré la reine *Atosse* d'un ulcère malin qu'elle portait au sein.

Acron d'Agrigente, contemporain d'Empédocle, passa pour avoir fondé la médecine empirique; mais, ainsi que nous le verrons plus loin, cette école est d'une origine moins reculée. *Acron* visitait les malades au lit, il cherchait à enrichir la médecine par des observations : il était ennemi du mystérieux et du charlatanisme.

La peste s'étant déclarée à Athènes, il l'arrêta en faisant allumer de grands feux dans la ville. Il a laissé plusieurs ouvrages sur l'art de guérir et sur la diététique.

Les écoles gymnastiques prirent en Grèce beaucoup d'extension, et c'était là que la médecine populaire s'exerçait et s'enseignait. Les directeurs de ces établissemens se nommaient *gymnasiarques* ou *palestrophylax*; c'étaient les plus habiles médecins du temps, et parmi eux nous devons citer *Iccus* de Tarente, et *Herodicus*, qu'on nommait aussi *Prodicus*.

Les choses étant parvenues à ce point, les *asclépiades* de Cnide renoncèrent à l'exercice de l'art médical sous des formes cachées et mystérieuses; ceux de Cos suivirent bientôt l'exemple de leurs collègues de Cnide.

Parmi les médecins de cette dernière école qui

se sont distingués, on cite entre autres *Euryphon*, et *Ctésias*.

Ce que nous savons sur la manière dont on pratiquait la médecine à Athènes est fort obscur; cependant d'après quelques passages de *Galien* et surtout *Xénophon*, on est porté à croire que dans cette république, comme en Égypte, il existait des lois sur l'exercice de l'art de guérir, lesquelles prescrivaient surtout aux médecins de rendre compte de leur conduite à leurs confrères.

CINQUIÈME SECTION.

État de la médecine chez les anciens Romains.

La santé des anciens Romains était confiée à leurs idoles, nous allons donc retrouver ici ce que nous avons observé chez les autres peuples e principalement chez les Grecs, c'est-à-dire, magie, superstition, employées par des hommes crédules ou intéressés à fasciner les yeux de la multitude.

A Rome, l'éloquence, la législation et l'histoire furent d'abord les seules connaissances qui y fussent cultivées; c'est plus qu'on n'ose attendre d'un peuple grossier, adonné à la guerre et à l'agriculture. Nous n'entrerons pas dans les détails relatifs à ces sciences, cela nous éloignerait de notre sujet, nous nous bornerons à ce qui a rapport à l'art médical.

Les Romains, grands imitateurs des Grecs, empruntèrent de ce peuple la plupart de leurs cérémonies mystiques pour adorer leurs dieux, pour apaiser leur colère, et pour réclamer leur intercession dans les calamités publiques ou particulières. Leurs principaux dieux furent ceux des Grecs et des Égyptiens, mais ils en avaient aussi de propres à leur pays.

Parmi les divinités étrangères qu'ils adoraient, ils plaçaient au premier rang le *Sérapis* des Égyptiens et *Isis*. L'*Ilithye* des Grecs était adorée sous le nom de *Lucine*: on la confondait avec *Diane* et *Junon*; elle rendait ses oracles par la bouche des serpens. Il en est de même de *Pallas* ou *Minerve*, et d'*Hygie*, à qui on éleva un temple, et qui fut vénérée sous le nom de *Dea Salus*.

Apollon adoré en Égypte et en Grèce, comme le dieu de la médecine, devait aussi, à Rome, recevoir les honneurs divins : les peuples l'invoquèrent au moment où une épidémie meurtrière exerçait ses ravages; la maladie ayant cessé, on bâtit au dieu un temple dont la garde fut confiée aux vestales, chargées aussi d'entretenir le feu sacré. Ces prêtresses invoquaient Apollon en criant : *Apollo, Medice, Apollo Pæan !*

Dans la basse Italie, depuis un temps immémorial on adorait *Machaon*, et on lui construisit plusieurs temples où les malades allaient se coucher pour y recueillir les oracles qui devaient leur rendre la santé.

Les Romains rendirent aussi les honneurs de l'apothéose à *Esculape*, et, dans ses temples, on pratiquait les mêmes cérémonies mystiques qu'à Épidaure; cependant ils avaient moins de confiance dans leur Esculape que dans celui des Grecs qu'ils envoyaient souvent consulter.

La coutume la plus ancienne des Romains était, dans les graves circonstances, de consulter les sibylles et principalement les livres sibyllins que celle de Cumes céda au roi Tarquin. Ces livres, conservés au Capitole, furent d'abord placés sous la garde de deux magistrats nommés *duumviri* et ensuite sous celui de dix patriciens. Dans une occasion des plus fâcheuses, il s'agissait d'une épidémie dévastatrice, les livres sibyllins ordonnèrent d'envoyer à Epidaure pour y consulter *Esculape*. *Agulnius* fut chargé de cette mission. Voici comment il s'en acquitta et le récit fabuleux du transport du serpent d'Epidaure à Rome, vers deux cent quatre-vingt-onze ans avant Jésus-Christ: « Aussitôt qu'il eut exposé sa demande, dit Pline, » au lieu de la réponse qu'ils s'attendaient à entendre, les Romains virent, à leur grand étonnement, » un serpent sortir du temple, s'acheminer vers le » rivage, sauter dans le vaisseau, et s'établir tranquillement dans la chambre d'*Agulnius*. Quelques » asclépiades le suivirent aussitôt afin d'enseigner » aux Romains le culte de ce nouveau dieu. Pen-

» dant la traversée, on s'arrêta près d'Antium, où
» le serpent alla visiter le temple d'Esculape. Il
» revint après trois jours au vaisseau, et se laissa
» conduire à Rome. On avait à peine jeté l'ancre, à
» l'embouchure du Tibre, qu'il sauta dans une île du
» fleuve, et s'y roula sur lui-même, indiquant par
» là que le dieu voulait être révéré en cet endroit.
» On y bâtit effectivement un temple où les asclé-
» piades pratiquèrent leur art. » On ne dit pas si
la peste cessa.

Nous n'avons parlé jusqu'ici que des divinités que les Romains empruntèrent aux autres nations; faisons maintenant connaître celles qui leur étaient particulières, au nombre desquelles on cite les déesses *Febris*, *Fessonia*, *Prosa*, *Prosteverta*; ces deux dernières étaient regardées comme des aides de Lucine. Elles avaient chacune un temple où elles étaient adorées. Nous rapporterons encore le nom de trois autres qui termineront cette longue nomenclature de divinités; ce sont les déesses *Ossipaga*, *Carna* et *Mephitis*; celle-ci était principalement adorée à Crémone.

Outre le culte qu'ils rendaient à leurs dieux, les Romains, pour les grandes calamités, instituèrent des fêtes nommées *lectisternes*: c'étaient des repas magnifiques donnés à toutes leurs idoles, auxquelles on offrait, dans les rues, les mets les plus délicats. Les lectisternes ne furent pas les seules cérémonies publiques en usage; ils avaient encore les *processions*, les *postulations*, les *supplications*, etc.

Mais il en existait une autre des plus singulières ; elle consistait dans un *clou* qu'on enfonçait solennellement dans la muraille droite du temple de Jupiter. La cérémonie du *clou* était la plus imposante, et devait être faite par un dictateur. S'il avait bien réussi à enfoncer le clou, les Romains obtenaient tout ce qu'ils demandaient aux dieux.

Il paraît que ces peuples furent primitivement instruits dans le culte de leurs dieux par les Étrusques, ou anciens habitans de l'Etrurie, ensuite par les *aruspices*, qui continuèrent d'exercer à Rome leurs doubles fonctions d'augures et de médecins. Peu à peu la république romaine établit des relations, principalement avec les Grecs, dont quelques-uns allèrent se fixer à Rome, et y apportèrent les connaissances qu'ils avaient acquises dans leur pays. Mais n'anticipons pas.

CHAPITRE DEUXIÈME.

État de la médecine depuis Hippocrate jusqu'a Galien.

PREMIÈRE SECTION.

Travaux d'Hippocrate.

Nous avons vu que l'école de Crotone ou Italique se dispersa, que les pythagoriciens furent obligés de chercher un asile dans divers pays, que la Grèce en recueillit un grand nombre, que les philosophes y exercèrent et y enseignèrent publiquement les sciences, les arts et principalement la médecine; ce qui contraignit les asclépiades à modifier leur pratique secrète et mystérieuse. Ceux de Cnide furent les premiers à se soumettre à ce nouvel ordre de choses, leur exemple ne tarda pas à être suivi par ceux de Cos, les uns et les autres se servirent des tables votives de leurs temples pour tracer des tableaux descriptifs des maladies. Les asclépiades de Cos s'occupèrent principalement à décrire les diverses altérations morbides qui nous affligent, et dont ils multiplièrent le nombre à l'infini; ceux de Cnide s'adonnèrent plus spécialement à l'étude de la séméïotique. Une longue expérience, un grand nombre d'observations, deux écoles rivales, marchant vers le même but, durent apporter beaucoup d'amélioration dans l'étude de la pathologie et dans celle de la séméïotique; c'est ce qui arriva, et c'est à cette époque que naquit Hippocrate, lequel se glorifiait d'être le dix-huitième descendant des Asclépiades.

On connaît plusieurs médecins distingués qui ont porté le nom d'Hippocrate : le premier était fils de Gnodosicus ; il eut pour fils Héraclide ; le fils de celui-ci fut Hippocrate II, né quatre cent soixante ans avant J.-C., et qui à l'âge de vingt-huit ans jouissait déjà d'une grande réputation.

Hippocrate II eut deux fils, Thessalus et Dracon, dont nous parlerons dans la section suivante, ainsi que de son gendre Polybe.

Hippocrate III, V et VI, étaient fils de Thessalus; le premier fut probablement auteur de quelques-uns des ouvrages attribués à son grand-père.

Hippocrate IV, fils de Dracon, fut médecin à la cour de Macédoine, et il se rendit célèbre par la guérison de Roxane, veuve d'Alexandre.

Hippocrate VII, fils de Praxianax, appartenait aussi à la même famille, mais on ignore l'époque précise de son existence.

Le plus renommé de tous les médecins fut Hippocrate II, fils d'Héraclide et de Phénarite. Il vécut quatre-vingt-dix ans suivant quelques historiens, et cent quatre suivant d'autres, et il mourut trois cent soixante-dix ans avant l'ère vulgaire, après avoir fourni une brillante carrière et s'être acquis une renommée qui survivra à celle de tous les potentats. La mémoire de l'un est venue jusqu'à nous entourée de la reconnaissance des peuples, celle des autres ne nous parvient que trop souvent souillée de tous les crimes. C'est d'Hippocrate II dont nous allons nous occuper dans cette section.

Héraclide soigna l'éducation de son fils, il le fit instruire à l'école des premiers philosophes de son siècle, et l'on dit qu'il fut le disciple de Démocrite; mais, si cela est vrai, l'élève n'a pas toujours été généreux envers son maître, car, dans plusieurs passages de ses écrits, il le critique avec amertume.

Lorsqu'Hippocrate eut acquis les connaissances nécessaires au médecin, il réunit toutes les tables votives dispersées dans le temple d'Esculape, il en forma un corps de doctrine, et après se les être appropriées, au rapport d'Andréas, il mit le feu au temple. Pour l'honneur du médecin de Cos, il faut croire qu'Andréas est un calomniateur, ce qu'on peut raisonnablement admettre, puisqu'aucun auteur ancien ne fait mention de ce crime, lequel n'eût pas manqué d'être rapporté s'il eût été commis.

Essayons de donner une idée des connaissances médicales de celui qu'on nomma, par la suite, le prince des médecins, le père de la médecine.

Hippocrate ne paraît pas avoir été un savant anatomiste, et l'on conçoit qu'il n'a pu se livrer à cette étude avec le même soin que celui qu'il mit à s'instruire dans les autres branches de l'art de guérir, n'ayant pas de cadavre à sa disposition : les Grecs ensevelissaient leurs morts dans un court délai, et il se fût exposé en en conservant pour les livrer à la dissection. Néanmoins le traité de l'Epilepsie prouve que son auteur n'était pas dépourvu de connaissances anatomiques, puisqu'on y lit que le cerveau est composé de deux lobes séparés l'un de l'autre par une membrane très-mince, que ces lobes ont une cavité qu'il nomme ventricule, et que cet organe est ferme et compacte à l'âge de vingt ans. Ces observations n'ont pu être faites sur des animaux, ainsi que quelques historiens le prétendent; ce livre renferme, en outre, quelques idées justes qui méritent d'être méditées. Mais comme ce traité n'est pas généralement attribué à Hippocrate, on le dit d'un de ses fils ou de son gendre Polybe, on en conclut que le médecin de Cos n'avait aucune notion sur l'organisation humaine. Cette assertion est démentie par la lecture de son traité des fractures, des articles, des mochliques, des lieux dans l'homme, dans lesquels on voit qu'il savait assez bien l'ostéologie et la syndesmologie.

Rien ne prouve qu'il connaissait la myologie ainsi que le système nerveux; et, quant à ses connaissances en angéologie et en splanchonologie, elles étaient très-erronées.

Hippocrate pensait que les corps ne sont pas uniquement produits par le *feu*, ni par l'*air*, ni par l'*eau*, mais il les considérait comme un résultat de l'assemblage des quatre élémens qui sont le *feu*, la *terre*, l'*air*, et l'*eau*; de plus, dans les corps animaux, il admettait l'existence de quatre humeurs qui sont le *sang*, la *phlegme*, le *bile*, et l'*atrabile*. Cette opinion est énoncée d'une manière positive dans le traité de la nature de l'homme, ainsi que dans celui des alimens et de la génération, où l'on trouve encore quelques idées justes sur la physiologie, et principalement sur la nutrition, et où toutes les fonctions sont ramenées vers un point unique qu'il nomme *nature* et que Barthez a traduit par les mots de *principe vital*. La loi des sympathies n'étaient point ignorée du médecin de Cos, il connaissait surtout les rapports qui existent entre les mamelles et l'utérus.

Hippocrate avait sur la génération des idées qui ne sont point à dédaigner : il pensait que la semence vient de toutes les parties du corps, que le mélange de celle de l'homme et de celle de la femme est nécessaire pour que la conception ait lieu ; que le germe des sexes est également dans l'une comme dans l'autre de ces humeurs; qu'il naît un garçon lorsque le germe mâle est plus fort, et qu'au contraire c'est une fille si le germe femelle a plus de vitalité. Le premier est formé, selon lui, en trente jours, et il en faut quarante-deux pour la formation d'une fille : d'un seul acte vénérien naissent les jumeaux.

C'est dans ses traités sur la génération et sur la nature de l'enfant où ces idées sont développées avec quelques détails. Dans le premier, il indique comment les maladies se transmettent du père au fils; dans le second, il traite fort au long du développement du fœtus, lequel reçoit sa nourriture du sang de la mère. Ces livres, quoique généralement attribués à ses disciples, sont intéressans sous plus d'un rapport.

Le médecin de Cos, ou l'auteur du Traité des femmes stériles, assigne plusieurs causes à la stérilité : 1° elle provient de ce que l'utérus ne retient pas la semence; 2° du déplacement de la matrice ou de l'oblitération du col de cet organe; 3° de son état ulcéreux; 4° de la présence du sang menstruel; 5° de ce que la femme n'est pas ou est trop abondamment réglée; etc. Ce traité renferme diverses choses étrangères à son titre.

Les principes hygiéniques d'Hippocrate sont dignes de fixer l'attention du médecin et du législateur : honte à ceux qui ignorent les préceptes donnés par le vieillard de Cos pour conserver la santé publique et particulière !

On ne saurait trop méditer sur les précieuses instructions que renferment ses traités sur la diète, sur le régime, sur les affections, celui des eaux, des airs et des lieux si connu; et enfin, le premier et le deuxième livre des aphorismes. L'oubli ou l'ignorance de ces préceptes a été naguère bien funeste à la France.

La santé, suivant Hippocrate, consiste dans l'équilibre des diverses humeurs qui composent l'homme; la maladie est un effet de leur surabondance, d'un défaut de proportion entre elles, ou d'un excès dans leurs qualités *douce*, *amère*, *acide* ou *salée*. Le médecin de Cos admettait l'existence de plusieurs causes susceptibles de produire ces altérations, mais il s'attachait spécialement à la recherche de celles qu'il nommait éloignées. Hippocrate a le premier indiqué ce qu'on doit entendre par constitution épidémique, annuelle, etc., et il pensait qu'une atmosphère sèche est plus saine que celle qui est humide.

Il a divisé le cours d'une maladie en trois périodes : la première est celle de *crudité*, la deuxième de *coction;* et la troisième est celle de la *crise*. Cette division est une conséquence de l'opinion qu'il avait que les humeurs ne pouvaient être expulsées du corps qu'après avoir subi une élaboration de la part de la nature ou de ce qu'il nommait la chaleur intégrante.

Les signes qui annoncent ces trois périodes sont exposés avec la plus grande exactitude. Il démontre qu'au début d'une maladie, la crise ne peut se décider que par orgasme, et que les mouvemens de la nature ne sauraient avoir lieu sans y être préparés pendant un certain laps de temps. Il observait surtout ces diverses périodes dans les maladies simples, dans le cours des fièvres, d'un abcès; dans ce dernier cas, l'évacuation de la matière morbibifique ne s'effectuait qu'à certains jours qu'il nommait *éminens*, et que nous avons traduits par le mot *critiques*.

Le système des crises est maintenant abandonné, cependant on les remarque encore quelquefois; et leur rareté ne peut-elle pas être attribuée à ce que nous vivons dans un climat différent que celui de la Grèce, à ce que notre manière de vivre n'est pas celle des Grecs, et enfin, parce que nos méthodes curatives sont plus actives qu'elles ne l'étaient du temps d'Hippocrate?

C'est au médecin de Cos à qui nous sommes redevables de l'art de pronostiquer, c'est lui qui en a jeté les bases, ainsi qu'on peut s'en convaincre en lisant son traité des pronostics et ses aphorismes, etc.

Hippocrate doit être regardé comme l'inventeur de la méthode descriptive des maladies dont il a singulièrement diminué le nombre; c'est ce que nous apprend la lecture de ses Épidémies, de son traité des crises. Dans ce dernier nous trouvons, entre autres, une excellente description de la pneumonie. En général, à ses tableaux se joignent la concision et la clarté.

Le médecin de Cos tirait ses indications de deux sources principales, des causes éloignées et des symptômes essentiels. Avant de prescrire un médicament, il avait soin de consulter les voies que la nature emploie dans les guérisons spontanées, il cherchait à l'imiter autant qu'il était en son pouvoir, et il évitait surtout de la troubler dans ses mouvemens conservateurs.

Ses principaux moyens curatifs consistaient dans l'usage d'un régime sagement ordonné et dans la prescription d'un petit nombre de médicamens. Dans le traitement des maladies aiguës, la diète était sévèrement prescrite; elle était moins rigoureuse chez les enfans et dans les affections chroniques. Ainsi que ses prédécesseurs, il ordonnait la saignée, mais il ne la faisait pratiquer que dans les maladies aiguës et chez des sujets jeunes et robustes, et il voulait qu'elle fût faite le plus près possible de la partie malade. Cette recommandation semblerait indiquer que le médecin de Cos soupçonnait déjà que la fièvre pouvait être due à une affection locale. Le purgatif qu'il administrait de préférence était l'ellébore blanc. En résumé, ses médicamens étaient simples, pris dans le règne végétal, si nous en exceptons toutefois l'alun et certaines préparations de cuivre et de plomb.

La chirurgie a été redevable à Hippocrate de quelques inventions nouvelles. C'est lui qui le premier conçut l'idée de maintenir, à l'aide d'un bandage, les parties divisées. Dans les plaies des membres, il voulait qu'on laissât couler le sang; dans leur traitement, il proscrivait tous les corps gras, mais il employait les émolliens, surtout dans les blessures produites par des instrumens contondans. Il avait déjà reconnu que la suppuration est nécessaire à leur guérison.

Hippocrate a indiqué avec beaucoup de discernement les cas qui réclament, dans les fractures du crâne, l'application du trépan, et il est le premier qui ait dit que la douleur se faisait particulièrememt ressentir du côté opposé à la blessure. Ses moyens pour maintenir les fractures et pour réduire les luxations sont très-ingénieux. On trouve, dans ses œuvres, un traité sur la vue qui n'est pas sans intérêt.

Ce médecin paraît avoir pratiqué quelques accouchemens, mais son habileté dans cette partie de l'art de guérir était loin d'être aussi grande que dans les autres.

Concluons que les œuvres d'Hippocrate sont dignes de fixer l'attention du médecin philosophe; en les méditant, il y puisera des idées mères, s'il sait discerner ce qui est défectueux. C'est donc à tort qu'aujourd'hui on en néglige l'étude; mais ce serait avoir un mauvais jugement d'en adopter sans examen toutes les opinions.

Les empiriques ainsi que les dogmatiques ont rangé Hippocrate au nombre de leurs sectateurs, les uns et les autres sont tombés dans une erreur grossière; il ne fut ni de l'une ni de l'autre secte, ainsi que nous le verrons en exposant leur doctrine.

Suivant les historiens, Hippocrate voyagea beaucoup, et il paraît que c'est dans ses voyages qu'il composa la plupart de ses écrits, et notamment le premier et le troisième livre des Épidémies.

Hippocrate réunissait aux connaissances médicales celles d'un homme habile en politique : on sait comment, dans une grave circonstance, il sut apaiser l'orage qui menaçait sa patrie dont il était idolâtre; et, pour justifier cette opinion, il suffit de dire qu'ayant été appelé à la cour *d'Artaxerxes-Longuemain* il refusa, avec mépris, les dons que lui apportaient les ambassadeurs de ce prince.

Tous les écrivains qui se sont occupés à traduire ou à commenter Hippocrate, ont divisé ses œuvres en plusieurs séries : dans la première, il ont tous placé, comme ayant été composés par le vieillard de Cos, les traités ci-après, savoir : traité des *pronostics*; — *des humeurs*; — le second livre des *prédictions*; le traité de la *nature de l'homme*, celui-ci ne semble pas avoir été en entier composé par Hippocrate; sur la fin, les idées ne paraissent pas être les mêmes qu'au commencement; — le traité *des airs, des eaux et des lieux*; — du *régime dans les maladies aiguës*; — des *lieux dans l'homme*, dans lequel il existe quelques vues anatomiques et pathologiques à la vérité peu importantes; — *du laboratoire du chirurgien*, où il est spécialement question de bandages; — des *fractures*; — des *articles*; le *mochlique* : on peut considérer ce petit ouvrage comme n'étant que le sommaire des deux derniers; — des *plaies de tête*; le *premier et le troisième livre des aphorismes*; les sept qui composent cet ouvrage ne paraissent pas de la même source, ils renferment une infinité d'inexactitudes qu'on ne peut attribuer à l'auteur des premiers livres.

Dans la seconde série, ils placent les ouvrages dont les auteurs ne sont pas bien connus et qu'on attribue à ses fils ou à son gendre. Nous croyons devoir en former deux autres séries. Dans la première nous porterons les suivans : *traité des crises*; — des *jours critiques*; le *premier livre* des *prédictions*; les *coaques*; c'est la répétition des prédictions, des pronostics, des aphorismes, etc.; mais plus détaillé; — de la *génération*; — de la *nature de l'enfant*, ce n'est qu'une suite de l'autre; — *maladie sacrée*; — de la *diète salubre*; — du *régime* : les trois livres qui composent ce traité, quoique contenant des choses étrangères aux lois hygiéniques qu'il faut suivre pour éviter les maladies, n'est pas indigne de figurer dans les œuvres d'Hippocrate; on le lira avec intérêt. — Des *affections*, lequel renferme quelques principes hygièniques très-sages. Nous citerons encore dans cette série deux petits traités qui sont intitulés, l'un *avis* et l'autre *décence*, dans lesquels on trouve quelques réflexions philosophiques.

Enfin, dans la seconde série que nous avons établie, nous placerons le *serment*, la *règle pour connaître le vrai médecin*; *traité des chairs*; — *de la grossesse de sept mois*; — de la *grossesse de huit mois*; — de la *superfétation* : dans ces deux derniers ouvrages, il est principalement question d'accouchemens. — De la *dentition*; — du *cœur*; — des *glandes*; c'est dans ce traité que les humoristes puiseront des matériaux pour étayer leur opinion. De la *nature des os*; — des *vents*; — des *songes* : ce traité renferme un très-grand nombre d'idées bizarres et superstitieuses. — De l'*usage des liquides*, dans lequel il n'est guère question que de l'eau. — Des *affections internes*; — des *affections des filles*; de la *nature de la femme*; — des *maladies des femmes*; — de la *vue*; — des *plaies*; — des *fistules*; des *hémorrhoïdes*; — de l'*extraction du fœtus mort*, c'est le plus mauvais de tous ceux que nous venons de citer. Les II, IV, V, VI et VIIe livres des épidémies sont également peu dignes d'être lus.

DEUXIÈME SECTION.

École dogmatique.

Pendant le siècle d'Hippocrate, les sciences et les arts parvinrent à un assez haut degré de perfection, cependant aucun des contemporains de ce grand homme ne se distingua dans la carrière médicale, ou au moins aucun n'a laissé d'écrits dignes de passer à la postérité.

Ses fils seuls, Thessalus et Dracon, et son gendre Polybe jouirent, après lui, de quelque considération; ils cherchèrent, mais en vain, à l'imiter et à conserver la splendeur de l'art de guérir telle qu'il l'avait laissée. Ce furent eux qui établirent la première école *dogmatique* à laquelle ils donnèrent le nom d'*école hippocratique*, parce qu'ils prétendaient y suivre les principes de leur père, tout en s'en écartant beaucoup.

Thessalus fut le plus célèbre des successeurs du médecin de Cos, il paraît avoir vécu à la cour de Macédoine du temps d'Archélaüs. On prétend qu'il est l'auteur de plusieurs ouvrages qui nous sont parvenus sous le nom d'Hippocrate et dont nous avons parlé dans la section précédente. *Dracon* est moins connu; on dit également qu'il a écrit, ainsi que *Polybe*, mais on ne peut, avec certitude, indiquer les traités qu'ils ont composés. Ce dernier exerça la médecine à l'île de Cos.

Nous avons dit que *Thessalus*, *Dracon* et *Po-*

lybe furent les fondateurs de l'école dogmatique; les médecins de cette école s'élevaient à des subtilités souvent incompréhensibles; ils s'occupaient principalement à argumenter sur les arts; ils cherchaient à pénétrer l'essence même des maladies et à découvrir leurs causes occultes, c'est au moins ce que nous avons compris de l'institution d'une secte sur laquelle on ne peut se procurer que de faibles notions. Les dogmatiques empruntèrent ensuite, pour expliquer les phénomènes de la nature, une grande partie du système de *Platon*, et plus tard ils embrassèrent le stoïcisme. Parlons d'abord du système de *Platon*.

Ce philosophe naquit à Athènes quatre cent trente ans avant J.-C., et il mourut âgé de quatre-vingt-et-un ans. Platon, heureusement organisé, avait un esprit ardent et poétique; ses opinions sur la formation de l'univers eurent une très-grande influence sur la physiologie. Il admit d'abord trois êtres primitifs : le *créateur*, la *forme* et la *matière*; ces deux derniers dépendaient du premier. Suivant lui, les élémens physiques, au nombre de quatre, ont été créés et composés par l'intelligence suprême sous une forme triangulaire de différentes figures : la figure élémentaire du feu est *pyramidale*; celle de l'air, *dodécaèdre*; celle de l'eau, *icosaèdre*; et enfin celle de la terre, *hexaèdre*. Remarquons cependant qu'il n'est pas toujours d'accord avec lui-même, car, dans quelques passages, il paraît reconnaître l'existence d'un cinquième élément, c'est-à-dire, l'*éther*, l'*air*, le *feu*, l'*eau* et la *terre*. Le premier, qui a joué un rôle si remarquable dans la physiologie et dans la pathologie des anciens, contribue beaucoup à la formation des corps.

Platon ne reconnaissait qu'un seul *Dieu*, et il pensait que ce Dieu avait créé des *génies* ou *divinités* subalternes qui participaient de sa nature et auxquels il confia la composition des corps et des animaux. Parmi ces génies, les uns sont visibles et les autres invisibles, les fonctions de ces derniers sont principalement de s'occuper de la formation des animaux. La Psychologie du philosophe dont nous parlons est enveloppée d'une métaphysique si subtile qu'on ne peut pas toujours le suivre. Quoi qu'il en soit, Platon fit de grands efforts pour connaître la cause finale de tout, pour savoir pourquoi chaque chose *naît*, *existe* et *périt*. On se doute bien qu'ils furent inutiles : l'intelligence humaine a des bornes que les hommes les plus célèbres n'ont point encore pu dépasser.

Le philosophe d'Athènes, pour expliquer la formation du corps humain, dit que le génie, d'après les sages conseils de l'intelligence suprême, le composa de triangles extrêmement déliés. Dieu sema les ames dans la moelle, partie qui fut la première créée, et surtout dans le cerveau, amas sphérique des plus délicats de la substance médullaire. La vie consiste dans l'esprit et dans le feu ; celui-ci atténue les alimens, il opère la digestion. Les substances nutritives dont la dissolution a donné lieu à un esprit volatil, se joignent aux corpuscules élémentaires des humeurs qui ont de l'affinité avec elles, mais la couleur rouge prédomine toujours dans ces humeurs parce que le feu opère une excrétion forcée de l'humidité étrangère. Le sang est la source principale de la nutrition à cause du feu qui entre dans sa composition. Cette fonction s'opère comme le mouvement de l'univers, c'est-à-dire que les parties similaires sont attirées les unes vers les autres. Ces explications sont encore rendues plus obscures parce qu'elles sont enveloppées dans sa théorie métaphysique des triangles.

C'est à la tête, partie la plus noble de l'homme, que réside l'ame, qu'il divise en deux portions : l'une divine, il la nomme raisonnable, et l'autre matérielle et mortelle; cette dernière, placée dans la poitrine, préside aux fonctions digèstives et nutritives. C'est vers la première que tous les sens vont aboutir, et voici de quelle manière il explique leur développement : nous voyons, dit-il, lorsque la lumière intégrante de nos yeux en sort pour se réunir à celle du jour avec laquelle elle a de l'affinité et se convertit en un corps solide. Si la lumière solaire disparaît, nous cessons de voir, parce que celle qui est inhérente à nos yeux n'en trouve pas une autre avec laquelle elle puisse se combiner. Les paupières ont pour objet de retenir la lumière interne de l'œil. Lorsque le sommeil est calme, c'est le repos de l'ame sensitive; s'il ne l'est pas, la lumière, restée dans l'œil, représente à l'ame les images du passé et produit les songes. Nous voyons à notre droite ce qui est à gauche, et *vice versâ* parce que les rayons se croisent.

L'audition est due à l'ébranlement de l'air qui se communique au cerveau, au sang, et par eux à l'ame.

Les petites veines qui se trouvent sur la langue absorbent les particules sapides des corps et les portent à l'ame. Si les particules s'attachent fortement à la langue, la saveur est amère; si elles se dissolvent avec facilité et se mêlent aux humeurs, elle est salée; si les particules sont échauffées, elles échauffent la bouche, la saveur est alors âcre; et elle devient acide s'il s'en échappe de l'air ou si elles fermentent. De la parfaite identité des particules sapides avec les humeurs contenues dans les veines de la langue résulte une saveur douce.

Il existe deux espèces d'odeur, l'une agréable et l'autre désagréable; elles sont le produit de la fluidification, de la putréfaction, de la fonte ou de l'évaporation d'une matière quelconque.

La matrice est un animal sauvage qui erre dans le corps lorsque ses désirs sont satisfaits.

La rate sert d'émonctoire au foie et modère les mouvemens irréguliers de l'ame animale, etc.

Nous avons assez rapporté de faits pour qu'on puisse juger quelles étaient les idées de Platon sur la physiologie, et l'on concevra facilement que ce philosophe, n'ayant presque aucune notion anatomique, ne pouvait expliquer d'une manière satisfaisante les fonctions du corps humain.

Passons à ses idées sur la partie médicale proprement dite.

Le défaut de proportion entre les élémens physiques du corps est la cause prochaine de toutes les maladies. L'atrabile provient de la fonte et de la décomposition des fibres musculaires vieilles et dures; la bile, de la liquéfaction, par la chaleur, des fibres jeunes et tendres. Les maladies les plus dangereuses ont leur source dans la moelle; l'esprit ou l'air, donne lieu à des maladies fort graves; l'inflammation de la bile aux affections aiguës et inflammatoires, à l'épilepsie et autres altérations chroniques; le phlegme est la cause de presque tous les flux, telles sont que la diarrhée, la dysenterie, etc.; la surabondance du feu, aux fièvres continues; celle de l'air, aux quotidiennes, aux quartes, et celle de l'eau aux tierces.

Ses moyens thérapeutiques consistaient principalement dans la prescription des exercices gymnastiques et dans la diète. Il avait sur cette partie les mêmes idées qu'Hippocrate desquelles il ne paraît pas s'être écarté.

Un grand nombre de médecins, s'étant emparés des idées de Platon, les réunirent à celles d'Hippocrate et de Pythagore, et ils formèrent de ce mélange une doctrine assez singulière. D'abord, ils prétendirent, contrairement à l'opinion reçue, que l'estomac n'était pas la source des quatre humeurs cardinales; ils assignèrent à chacun d'elles une origine particulière : le foie fut désigné comme l'organe qui sécrète la bile, la rate comme sécrétant l'eau, etc. Les unes et les autres donnent lieu à telles ou telles affections, lesquelles sont soumises à des révolutions qui s'opèrent dans certains jours déterminés. La théorie des nombres fut à peu près fixée comme elle l'avait été par les successeurs de Pythagore; mais ils accordaient surtout beaucoup d'importance au nombre sept, qui règle, suivant eux, tous les changemens qui s'opèrent pendant la vie tant dans l'état normal que dans l'état morbide. Pour eux, la médecine n'avait d'autre but que celui d'ajouter ou de retrancher. S'ils jugeaient que la sécheresse n'était pas assez considérable, ils prescrivaient des médicamens auxquels ils attribuaient la propriété de l'augmenter; si au contraire elle prédominait, ils faisaient usage des délayans, etc., de sorte qu'ils prétendaient guérir les maladies aiguës par l'emploi des rafraîchissans; celles qui sont dues à la pituite, par des échauffans, etc. Ils avaient encore des médicamens destinés à expulser les quatre humeurs cardinales : les uns agissaient sur la bile; les autres, sur l'atrabile, le phlegme, le sang. Cette théorie humorale a régné pendant plusieurs siècles, et aujourd'hui elle a encore un certain crédit chez le peuple, chez les garde-malades et chez les charlatans, dont le principal but est de tromper la crédulité publique.

Ce fut dans ces temps-là qu'on vit paraître diverses sectes, lesquelles se livrèrent à des disputes interminables et qui nuisirent beaucoup à la considération que mérite l'art de guérir. Ce fut également vers cette époque qu'il s'éleva de graves discussions sur la *révulsion* et la *dérivation*. On ne prétendra pas, sans doute, que nous entrions dans les détails d'une polémique qui a été très-nuisible aux progrès de la science.

Nous allons maintenant faire connaître quelques-uns des médecins dogmatiques qui se sont distingués d'une manière quelconque.

Diogène d'Apollonie tint un haut rang parmi les philosophes de ce temps, et surtout parmi les physiciens. Il admettait que l'air était le principe de toutes choses, et il est le premier qui ait annoncé que ce fluide se condense et se raréfie. Ce philosophe avait des idées très-erronées sur la distribution des vaisseaux ; il prétendait que le sang forme la chair, et celle-ci les os et les ligamens, qu'il appelait nerfs. Il attribuait la génération à la semence du mâle. L'embryon mâle se forme, suivant lui, dans quatre mois, et il en faut cinq pour que le fœtus femelle soit complétement organisé.

Dioxippe ou *Dexippe* était partisan de Platon ; il pensait que la boisson allait dans le poumon. Un de ses contemporains lui ayant objecté que cela ne pouvait être, attendu que la trachée-artère est fermée par l'épiglotte, il lui répondit qu'il le savait, mais que ce n'était pas la totalité des boissons qui pénétrait dans les organes pulmonaires, que c'était seulement leurs parties les plus subtiles, et que le reste se rendait dans l'estomac avec les alimens.

Erasistrate a avancé que Dioxippe faisait périr ses malades de soif ; Galien dément cette assertion.

On dit qu'il écrivit un livre sur la médecine et deux autres sur l'art divinatoire.

Philiston de Locres fut le contemporain de Platon, et il en défendit les opinions avec véhémence. Tout en exerçant la médecine, il écrivit sur l'art culinaire.

Le médecin *Pétron* avait la réputation de surcharger les malades de vêtemens et de leur faire souffrir toutes les angoisses de la soif. Dans les fièvres aiguës, il ne permettait de boire que lorsque la maladie était parvenue à son déclin; alors il prescrivait l'eau froide dans la vue de favoriser les sueurs.

Vers l'année 360 avant J.-C., *Eudoxe* de Cnide jouissait, comme médecin et comme astronome, d'une grande réputation. Il était disciple de *Philiston* et de *Platon*. Il se rendit en Égypte pour y consulter les savans, et à son retour il s'occupa de législation.

Crysipe de Cnide chercha à inspirer aux médecins de son époque toute l'aversion qu'il avait pour les purgatifs et son horreur pour la saignée. Il regardait le vin, mêlé avec de l'eau fraîche, comme le meilleur moyen qu'on peut mettre en usage pour combattre la dysenterie bilieuse, même lorsque le malade est en danger de perdre la vie.

Il écrivit longuement sur les propriétés du chou. Il ne prescrivait que les végétaux.

Suivant Galien et Dioscoride, le plus célèbre de tous les successeurs d'Hippocrate, parmi ceux qui embrassèrent le dogmatisme, fut *Dioclès* de Cariste. Ce médecin s'occupa d'anatomie, et l'on assure même qu'il découvrit l'aorte et tout le système artériel; mais cette opinion n'est pas fondée, car il est certain que cette découverte appartient à Aristote, ainsi que nous le verrons dans un instant. Les connaissances de Dioclès dans cette partie des études médicales devaient au contraire être très-bornées, si nous nous en rapportons à ce que dit Galien.

Dioclès défendit vivement l'existence des cotylédons dans la matrice, et il soutint que l'embryon tirait sa nourriture de ces appendices. Il n'avait aucune idée des trompes de Fallope. Il attribuait la stérilité des femmes voluptueuses au défaut de semence ou au moins à l'absence du principe fécondant dans l'humeur qu'elles rendent au moment du coït. Il prétendait aussi, contre l'opinion de quelques anciens philosophes, que la liqueur prolifique de l'homme n'est point une écume, puisqu'elle est plus pesante que l'eau. Il donnait à toutes les membranes le nom de *méninges*; il croyait que le but de la respiration était de diminuer la chaleur intégrante. Relativement aux élémens, son sentiment était le même que celui d'Hippocrate.

Dioclès, avec quelques médecins du temps, se rapprocha du système de Pythagore; il pensait que le fœtus n'est pas viable avant sept mois; mais, s'il vient au monde après cette époque, il peut conserver la vie.

En pathologie, le médecin dont nous analysons les opinions s'accordait sur beaucoup de points avec Hippocrate, mais il en différait sur une infinité d'autres. Il étudia la séméiotique avec soin ; il fit une étude particulière des urines, qui n'a cependant conduit à aucun résultat satisfaisant. Ses idées sur les jours critiques étaient celles du médecin de Cos ; néanmoins il avait une grande prédilection pour le vingt-et-unième jour, qu'il croyait le plus important de tous. Ce fut lui qui le premier enseigna la différence, suivant le siége, qui existe entre la pleurésie et la pneumonie. Il confondit l'apoplexie avec la paralysie.

Ses prédécesseurs avaient décrit un choléra sec, lequel a beaucoup d'analogie avec l'hypochondrie ; Dioclès en chercha la cause dans les flatuosités qui remplissent le canal intestinal. Il nomma *chordapsus* la colique qui est accompagnée de vomissement de matière excrémentitielle, et il en plaça le siége dans les intestins grêles. Il distingua cette colique de la colique ordinaire, qu'il désigna sous le nom d'*iléos*. Il décrivit fort bien l'angine qui est accompagnée du gonflement de la luette.

Tel est, en substance, ce que nous avons à dire sur les travaux pathologiques de Dioclès, qui cultiva aussi la matière médicale et qui blâmait fortement les médecins qui pensaient pouvoir, d'après les qualités physiques des végétaux, en indiquer les propriétés, lesquelles, selon lui, ne pouvaient être constatées que par une longue expérience. Quoique ce médecin ne prescrivît, dans sa pratique, que les substances végétales, il ne négligea pas, dans certains cas, de recourir à la saignée ; mais ses moyens thérapeutiques étaient principalement tirés du régime, et il a laissé sur la diététique des préceptes qu'on ne peut que méditer avec fruit.

Dioclès exerça la chirurgie; il inventa un instrument particulier pour extraire les flèches, lequel est désigné sous le nom de *belalque* ou *graphisque* de Dioclès.

Praxagoras de Cos est mis au même rang que Dioclès; il fut un des premiers dogmatiques et le maître d'Hérophile. Il était de la secte des asclépiad es.

Les connaissances anatomiques de Praxagoras paraissent avoir été assez étendues, et l'on croit qu'il a disséqué des cadavres humains. Il fut le premier qui indiqua ce qu'on doit entendre par cotylédons de la matrice. Ces appendices, dit-il, ne sont autre chose que les orifices des vaisseaux de l'utérus. Il démontra que ceux de la femme ne ressemblent pas à ceux des femelles des animaux. Il fut aussi le premier qui établit une distinction entre les veines qui tirent leur origine de la veine cave, et les artères. Celles-ci, qu'il suppose remplies d'air, sont susceptibles d'un mouvement pulsatoire, et naissent de l'aorte.

Praxagoras était un partisan zélé de la pathologie humorale : c'est donc dans les humeurs qu'il recherchait la cause des maladies. Le corps, suivant lui, renferme dix humeurs différentes, savoir : la *douce*, la *vitreuse*, l'*acide*, la *nitreuse*, la *saline*, l'*amère*, la *verte*, la *jaune*, l'*acrimonieuse* et *celle dont le mélange est uniforme*. L'humeur vitreuse était la cause de beaucoup de maladies, et notamment de l'*épialos*.

Il croyait que les substances alimentaires éprouvaient des changemens dans les vaisseaux en raison de leur chaleur innée. Si cette chaleur est tempérée, elle produit le sang, et elle engendre les autres humeurs suivant son degré d'intensité. Les alimens fort chauds donnent naissance aux bilieuses; les froids, aux pituiteuses, etc. Les affections chroniques reconnaissent pour cause la pituite, et les maladies aiguës, la bile jaune.

Le pouls indique les altérations de la force vitale. Cette idée a fait fortune, ses successeurs s'en sont emparés, et ils ont établi sur elle une théorie spéculative qui a eu quelque vogue.

Avec Hippocrate, Praxagoras prétendait que les fièvres intermittentes ont leur source dans la veine cave; malgré cette erreur, il n'en a pas moins, le premier, reconnu l'existence des fièvres dites *pernicieuses*.

Praxagoras prescrivait peu de médicamens; il les retirait tous du règne végétal. Cependant il ne négligeait pas de pratiquer la phlébotomie lorsqu'elle lui paraissait indiquée, et il est à remarquer qu'il l'employait surtout lorsqu'il voulait arrêter une hémorrhagie. Dans la pleurésie, qu'il distingua de la pneumonie, en établissant le siége de celle-ci dans le tissu vasculaire du poumon, il ne faisait pas saigner après le cinquième jour.

Ce médecin exerça aussi la chirurgie avec beaucoup de hardiesse : il enlevait la luette aux individus atteints d'angine, et pour replacer les intestins, il ouvrait la cavité abdominale des personnes affectées de passion iliaque.

Les médecins dogmatiques qui jouirent de quelque réputation après Praxagoras, sans avoir cependant fait époque, parce qu'ils suivirent fidèlement la méthode du maître, furent les suivans : *Plistonicus*, *Philotime*, *Dieuclès*, *Lysimarque* et *Mnésithée* ; celui-ci était extrêmement superstitieux, car il disait que, lorsqu'un pleurétique désire des ognons, il recouvre la santé, mais qu'il meurt s'il a envie de figues.

Ce fut environ trois cent dix ans avant J.-C. que l'école dogmatique éprouva une révolution importante; elle fut opérée par les stoïciens, dont *Zénon* de Citium était le chef. Cette nouvelle secte, qui reçut son nom d'un des portiques d'Athènes où ce philosophe se plaisait à discourir, prétendit aussi approfondir les mystères de la nature. Le matérialisme était la base de leur système. Suivant eux, tout est matière, même les choses abstraites. La cause première, où la Divinité, est également un être matériel; c'est le feu éternel qui a donné la forme primitive à la matière, qui a établi l'ordre dans le chaos. Le feu pénètre tout l'univers; c'est l'être pensant, bon et sage, que nous appelons nature, qui agit d'après des lois immuables qui a aussi reçu le nom de *destin*.

L'ame de l'homme, répandue dans tout notre

corps, mais dont le siége principal est au cœur, est née avec lui; elle est d'une nature innée ou aérienne; elle possède huit facultés qui sont celles de *voir*, d'*entendre*, de *sentir*, du *goût*, du *tact*, de *penser*, de *parler* et d'*engendrer*. Ces facultés sont le résultat des sensations. Les stoïciens donnaient sur la manière dont elles s'opèrent des explications fort ridicules pour nous, et dans lesquelles l'air ou l'esprit joue le principal rôle.

Les sectateurs de Zénon s'occupèrent aussi de la doctrine des tempéramens, et c'est dans la diversité des émanations qui constituent l'essence de l'ame qu'ils allèrent en rechercher la cause.

Les stoïciens attribuaient le sommeil à la suspension de l'activité de la faculté de sentir, et la mort à la cessation complète de cette faculté. La vieillesse est la diminution de la chaleur animale. Toutes les parties de l'embryon sont formées au même instant; le fœtus croît comme le fruit sur l'arbre, il fait partie du corps de la mère.

Ainsi que nous l'avons vu, les stoïciens, pour expliquer les phénomènes de la nature, avaient recours à l'air ou à l'esprit; ce qui leur fit donner, par la suite, le nom de *pneumatiques*. Cette nouvelle secte fonda une école dans le premier siècle de notre ère, dont nous parlerons en son temps.

Quoique *Aristote* n'ait point exercé la médecine et que nous ne lui devions aucune notion en pathologie, dans l'histoire de l'art de guérir il doit occuper une place honorable, en raison des services qu'il a rendus à la physiologie, à l'anatomie et principalement à l'histoire naturelle; sciences qu'il a cultivées sous les auspices d'Alexandre, dont il fut le précepteur.

Nous ne pouvons savoir précisément si ce philosophe s'est livré à la dissection du corps humain, ou s'il s'est borné à celle des animaux, n'ayant à cet égard que des renseignemens très-inexacts; cependant on est porté à croire que l'étude de l'anatomie humaine ne lui était pas étrangère, car il compare souvent l'organisation de l'homme à celle des animaux; en outre, il est le premier qui ait donné de nos organes une assez bonne description.

En anatomie la principale découverte d'Aristote est celle des nerfs; il a surtout décrit avec exactitude les nerfs optiques et olfactifs de la taupe et du poisson.

Ce philosophe plaçait au cœur, auquel il ne reconnaissait que trois cavités, l'origine de tous les vaisseaux; il a donné le nom d'aorte à la plus grosse artère du corps, nom qu'elle porte encore aujourd'hui; mais il ne reconnaissait pas à ce conduit d'autres fonctions que celles qu'il attribuait aux veines.

Le cerveau, suivant Aristote, est un corps froid, humide, dépourvu de sang, et qui remplit la cavité de la tête. Le cervelet est situé à la partie postérieure du cerveau, ces organes sont plus volumineux chez l'homme que chez les animaux; ils ne sont point composés de substance médullaire, ainsi que le prétendaient ses prédécesseurs. C'est de ces parties que découlent les humeurs froides. On jugera ces opinions. On doit à Aristote une description de l'oreille meilleure que celle qu'on avait donnée avant lui. Il comptait huit vraies côtes; il comparait le tissu pulmonaire à celui d'une éponge, et il prétendait que les poumons étaient destinés à rafraîchir le cœur en lui transmettant l'air ou l'esprit.

Le philosophe dont nous parlons avait entrevu les vaisseaux lymphatiques, et particulièrement ceux du mésentère. Mais il s'est surtout rendu célèbre dans l'anatomie comparée, ainsi qu'on pourra en juger par ce qui suit.

Aristote a le premier établi les caractères distinctifs qui existent entre l'homme et le singe; il démontra que ce dernier, ainsi que d'autres animaux, porte un os dans le membre viril; que l'homme est le seul dans la classe des êtres vivans qui s'étende sur le dos pour se livrer au sommeil. Il a décrit les quatre estomacs des animaux ruminans, et il a cherché à expliquer les phénomènes de la rumination. C'est lui, le premier, qui conçut l'idée de représenter les organes par des planches.

Aristote a réfuté plusieurs erreurs sur l'accouplement des animaux. Il n'a point négligé l'ichthyologie. Ce savant a le premier divisé les poissons en deux classes; il a étudié, en un mot, toutes les parties de l'histoire naturelle, car il s'est aussi occupé des amphibies et de la botanique. Quant à cette dernière science, nous ne pouvons apprécier ses connaissances, attendu que l'ouvrage dans lequel il les déposa paraît avoir été entièrement détruit par l'humidité et par les vers dans la bibliothèque d'*Apellicon*, dont la vie entière fut employée à entasser manuscrits sur manuscrits.

Nous allons maintenant parler des opinions sur la physique et sur la physiologie de l'école d'Aristote, qui prit le nom de *péripatéticienne*. Cette école reconnut l'existence des élémens, mais elle pensait qu'ils ne pouvaient former des corps sans mélange et sans le concours d'un principe actif (éther). Tous les corps, disaient les péripatéticiens, possèdent les qualités de l'élément qui prédomine en eux; toutefois, ils ne crurent pas pouvoir admettre que les membres entiers des animaux et les viscères fussent un de leurs effets immédiats, sans faire abstraction des membranes, des vaisseaux, des tendons et autres. Ils nommaient *homogènes* les parties qui sont le produit des élémens, tels sont les organes des sensations; et *hétérogènes* ceux qui résultent des combinaisons particulières et qui servent à remplir les autres fonctions de l'économie animale. D'après cette manière de voir, ils expliquèrent le développement des sensations et des fonctions diverses. La vision s'opère au moyen de la lumière; l'audition est le résultat du mouvement des corps sonores dans l'air; des vibrations multipliées, dans un court espace de temps, donnent lieu à des sons aigus, tandis qu'un petit nombre d'oscillations, dans un plus long intervalle, produisent des sons graves. Le goût provient du contact immédiat de l'humidité; l'odorat a pour milieu un mélange d'eau et d'air; la voix se forme dans le pharynx; le tact est chez l'homme très-exquis, il a les chairs pour intermédiaire.

Le sommeil est un changement particulier dans tous les organes des sens et qui interrompt l'énergie sans suspendre la faculté de sentir. Ce changement est opéré par la vapeur des alimens, vapeur qui, en raison de sa légèreté, se porte à la tête, s'y condense à cause du froid du cerveau, tombe ensuite sur le cœur et suspend ainsi la force des sensations.

L'imagination diffère de la sensation, et le jugement de l'imagination. L'ame est immatérielle; mais, pour agir, elle a besoin de toutes les puissances du corps, etc.

La semence de l'homme est l'humeur la plus noble et la plus précieuse du corps; elle renferme un principe immatériel, éthéré; elle contient les élémens des autres principes. La femme n'a point de semence, le sang menstruel en tient lieu. L'embryon naît de la coagulation du sang menstruel; cette coagulation est provoquée par le principe éthéré de la liqueur prolifique; le cœur se forme le premier, l'artère ombilicale ensuite, et successivement les autres organes.

Aristote a décrit plusieurs maladies qu'il a observées chez les animaux, telles que la morve, la ladrerie, la fourbure, l'hydrophobie; il croyait que cette dernière affection ne se développait jamais chez l'homme.

Plusieurs médecins dogmatiques embrassèrent les principes de l'école péripatéticienne, et ils s'abandonnèrent à des théories plus ou moins subtiles. Les partisans les plus célèbres de cette école furent *Prémigène*, de Mitylène, qui écrivit sur la gymnastique; *Callisthène*, d'Olynthe, parent et disciple d'Aristote; *Eudème*, de Rhodes; *Strabon*, dont nous parlerons d'une manière plus étendue dans la section suivante, où il sera question de l'école d'Alexandrie; mais le plus renommé fut *Théophraste*, d'Erèse, que les botanistes doivent étudier avec soin, parce que ce philosophe a jeté un grand jour sur la botanique et sur la physiologie végétale, ainsi que sur les maladies des plantes. Ils trouveront dans son traité, imprimé à Amsterdam en 1644, des idées rajeunies de nos jours.

Théophraste a écrit un ouvrage sur les odeurs. Toute odeur, dit-il, suppose un certain mélange: les corps simples sont donc inodores. Les odeurs agréables résultent du mélange intime d'humeurs bien élaborées; celles qui sont fétides proviennent de la putréfaction et de la corruption.

Dans un autre traité, il parle de la sueur qu'il dit être la portion aqueuse du sang devenue impropre à la nutrition: aussi est-elle saline et acide. Il établit une différence entre la sueur et la transpiration insensible.

Théophraste enseigna la philosophie à Athènes;

il composa, âgé de quatre-vingt-dix-neuf ans, ainsi qu'il le dit dans sa préface, un livre intitulé *les Caractères*: cet ouvrage, estimé des savans, renferme une excellente morale.

SECTION TROISIÈME.

École d'Alexandrie.

Alexandre, fils de Philippe, roi de Macédoine, surnommé le grand, était un homme extraordinaire, ambitieux, généreux, débauché, et plein de confiance dans les personnes qui l'entouraient; le fait suivant suffira pour prouver ce que nous avançons. Ce héros s'étant jeté tout en sueur dans les eaux froides du Cydne, fut atteint d'une fièvre violente. Pendant que son médecin préparait une potion appropriée, le roi reçut une lettre qui le prévenait que Philippe, son médecin, devait l'empoisonner; cette dénonciation ne produisit pas l'effet que s'était proposé le calomniateur. Alexandre, en recevant le breuvage des mains de Philippe, lui remit la lettre sans donner aucune marque de méfiance, et il but en même temps ce que contenait la coupe qui venait de lui être présentée. L'action du médicament fut si prompte que le vainqueur de l'Asie s'endormit paisiblement, et à son réveil il fut rendu à son armée. Ce conquérant mourut à l'âge de trente-deux ans; ce fut à sa mort que l'Égypte échut en partage à *Ptolemée Soter*, frère naturel d'Alexandre. Ce prince fut l'ami des savans, et, quoique occupé à des travaux guerriers, il favorisa de tous ses moyens les sciences et les arts. Quelques princes, ses voisins, suivirent son exemple, et notamment celui de Pergame.

Ptolémée Soter fut le fondateur de la bibliothèque et du musée d'Alexandrie; ces établissemens s'enrichirent de jour en jour, et acquirent beaucoup de célébrité sous le règne de son successeur *Ptolémée Philadelphe*.

Ce prince, en montant sur le trône, vers 282 ans avant J.-C., suivit l'exemple de son père; il devint le protecteur des hommes éclairés; il rassembla, assure-t-on, par les soins de *Démétrius Phaléréus*, plus de deux cent mille volumes dans la bibliothèque d'Alexandrie; il institua des jeux en l'honneur des Museset d'Apollon, et l'on oprposa des prix pour toutesorte de combats physiques et moraux.

Ptolémée Evergète imita ses prédécesseurs, et a été, comme eux, le protecteur des sciences, des arts et de ceux qui les cultivaient.

Sous le règne de ces princes, il fut permis aux médecins d'ouvrir des cadavres humains; ces monarques eux-mêmes ne dédaignèrent pas de s'instruire dans l'anatomie et dans l'histoire naturelle; cette dernière science fut surtout cultivée avec soin, ainsi que la botanique. Des sommes immenses furent affectées à cet usage; on fit venir à grands frais, de toutes les parties du monde, des animaux et des végétaux. L'état florissant du commerce, de la navigation, les sacrifices des princes, ne pouvaient que favoriser le développement des connaissances humaines. Ce fut aussi à cette époque que les Grecs apprirent à faire usage de la canne à sucre.

Dans le musée créé au château de *Bruchium*, on entretenait un certain nombre de savans que l'on défrayait de tout, qui avaient à leur disposition les livres de la bibliothèque et d'immenses collections d'histoire naturelle. Cet institut devint principalement célèbre par les médecins qui s'y formèrent, à la tête desquels nous devons citer Hérophile et Erasistrate.

Hérophile, né à Chalcédoine, disciple de Praxagoras, paraît avoir cultivé l'anatomie avec beaucoup de succès; on assure qu'il disséqua un grand nombre de cadavres humains, ce qui n'est pas étonnant; mais on ajoute qu'il ouvrit des criminels, ce qu'on répugne à croire.

La principale découverte d'Hérophile est celle du système nerveux. Ces organes tirent leur origine du cerveau et de la moelle épinière; plusieurs sont soumis à l'empire de la volonté. Il décrivit grossièrement l'encéphale; néanmoins il fait remarquer la partie postérieure de la voûte à trois piliers, où il place le siége principal des sensations; le sinus droit du cerveau, qu'il nomme *pressoir*; la rainure longitudinale qu'on observe entre les prolongemens inférieurs du cervelet, et qu'il appelle *calamus scriptorius*; enfin, il a indiqué la membrane qui tapisse les ventricules, et il a dit que sa surface interne est veloutée.

Hérophile a donné une assez bonne description de la choroïde et de l'organe hépatique; il a établi la différence qui existe entre celui de l'homme et celui des animaux; il nomma vaisseaux *lactés* les vaisseaux du mésentère qui vont se terminer aux vaisseaux mésentériques, et qu'il distingua de ceux qui se rendent au foie. Le premier, il désigna le *duodénum*.

Cet anatomiste découvrit les épididymes; il les regardait comme un lacis de vaisseaux sanguins, et il reconnut qu'ils n'existaient pas chez les femmes. Il comparait les trompes de Fallope (trompes utérines) à des cerceaux demi circulaires. L'orifice de l'utérus, dit-il, chez les femmes enceintes, ressemble à l'ouverture de la glotte; il est extrêmement resserré, de sorte qu'il est impossible d'y introduire le bout d'une sonde.

Hérophile paraît avoir soupçonné les rapports qui existent entre la respiration et les battemens des artères, et il admettait, dans les poumons, un mouvement de systole et de diastole. Il découvrit dans ces organes une faculté qui les portait à inspirer et à expirer sans cesse; il comparait ces mouvemens aux temps de la musique. Il fit de judicieuses observations sur les changemens qu'on y rencontre suivant les divers âges. Il assigna au cœur la force des pulsations artérielles, dont la plus ou moins grande intensité dépend de l'état des forces vitales.

Il donna le nom de pouls *sautillant* aux pulsations de l'artère qui se font par bonds. Ses recherches sur le pouls le conduisirent à étudier la séméiotique; il divisa cette science en *diagnostic* , *anamestique* et *pronostic*. Il définissait la médecine, la science qui traite de l'état naturel, de l'état contre nature et des choses non naturelles. Quant à sa pathologie, elle n'est remplie que de vaines subtilités, de raisonnemens inintelligibles; ce qu'il dit de plus raisonnable, à ce sujet, c'est en attribuant les morts subites à la paralysie du cœur.

Hérophile avait pour les antidotes une grande prédilection; c'est ce qui lui fit donner par Galien le nom de demi-empirique.

Erasistrate, né à Julis, île de Céos, disciple de Chrysippe de Cnide, de Métrodore et de Théophraste, après s'être fait un nom à la cour de Séleucus pour avoir reconnu l'amour que *Stratonice* inspirait à *Antiochus* , son beau-fils, se rendit dans la capitale de l'Égypte, et s'y livra spécialement à l'étude de l'anatomie. Ses travaux ont été d'une grande importance.

Il décrivit le cerveau avec plus d'exactitude qu'Hérophile; il indiqua mieux l'origine des nerfs, qu'il distingua en ceux du mouvement et en ceux du sentiment.

Il aperçut dans l'abdomen des vaisseaux remplis d'un fluide lactescent; il pensa que ce fluide ne s'y trouvait que momentanément, et que ces vaisseaux étaient presque toujours distendus par l'air.

Il écouvrit, le premier, les valvules de la veine cave, et les nomma *triglochines*.

Avec les stoïciens, Erasistrate admettait une providence auteur de toutes choses. C'est par le *pneuma* qu'il expliquait les diverses fonctions; il prétendait que nos poumons l'absorbent sans cesse, et que le veines pulmonaires les portent dans les artères, lesquelles en sont constamment remplies. Il divisa le principe aérien en deux parties : l'une était l'air *vital*, dont l'action réside dans le cœur; l'autre, ou air de l'ame, siége dans le cerveau.

C'est par l'intermédiaire du pneuma et par le frottement des tuniques de l'estomac que s'opère la digestion. La faim n'est que l'état de vacuité de cet organe. La nutrition consiste dans la superposition des particules nouvelles.

Selon Erasistrate, le pneuma est l'agent qui donne lieu aux pulsations des artères; lorsque cet esprit, des veines pulmonaires est parvenu dans le cœur, il le dilate, ensuite il passe dans les artères, qu'il distend, et c'est à cette alternation de contraction et de distension que sont dues les pulsations artérielles.

Il croyait que la partie éthérée de la semence déterminait la forme et la structure du corps de l'enfant. Il fut le premier qui prouva, sans réplique, que Dioxippe avait erré en prétendant que les liquides traversent la trachée pour se rendre aux poumons; il démontra que, dans aucun cas, les boissons ne peuvent, sans produire de graves accidens, pénétrer dans ces organes.

Erasistrate,peu versé dans la séméiotique, ou au moins tout le fait supposer, pensait que la connaissance du pouls, comme signe diagnostic, n'était presque d'aucune utilité; la maladie, selon lui, provenait de la déviation des humeurs ou de celle du pneuma: de là deux ordres d'affections, et un troisième, suite du trouble simultané des humeurs et du pneuma. C'est ainsi qu'il expliquait les hémorrhagies, dont les principales causes étaient l'épanchement du sang dû à la déchirure des membranes des vaisseaux ou à leur dissolution, ou enfin à leur anastomose.

La paralysie est un effet de la déviation de l'humeur qui sert à nourrir les nerfs du mouvement. Il regardait le sédiment des urines comme étant une matière purulente.

Dans le traitement des maladies, ainsi que son maître *Chrysippe*, il rejetait la saignée, et c'est à l'aide d'argumens spécieux qu'il cherchait à convaincre ses disciples, non de son inutilité, mais de ses dangers. Il proscrivait également l'emploi des purgatifs. Ses moyens thérapeutiques consistaient, en général, dans la prescription d'un régime convenable, dans celui des bains, des lavemens, des ventouses, des vomitifs, des frictions et des exercices gymnastiques.

Erasistrate s'éleva contre les médecins qui cherchaient des médicamens dans les trois règnes; il voulait qu'on n'employât que les végétaux. Il est une remarque importante qui n'a pas échappé à sa sagacité : c'est que les alimens, comme les médicamens, n'ont pas une action égale chez tous les individus.

Ce médecin pratiqua la chirurgie avec beaucoup de hardiesse; il ne craignit pas d'ouvrir les abcès, quoique situés profondément; souvent il a plongé l'instrument dans le foie et dans la rate. Il se servait, dit-on, avec habileté du cathéter, qui même, par la suite, porta son nom.

Il est probable que ce fut dans le temps d'Hérophile et d'Erasistrate que vécut *Eudème*, qui, suivant Galien, fit de grandes découvertes en anatomie. Il indiqua, dit-on, les cinq os qui composent la main et le pied; il signala le premier les deux phalanges du pouce et du gros orteil; il décrivit l'apophyse styloïde du temporal, qu'il compara à l'ergot du coq; il a découvert le pancréas et comparé les trompes de Fallope à des franges.

La plupart des successeurs d'Hérophile et d'Erasistrate ne marchèrent pas sur les traces de leurs prédécesseurs; on les vit élever des disputes dans tous les lieux, se livrer à des discussions, quelquefois violentes, sur un art qu'ils ne comprenaient plus; à commenter les œuvres d'Hippocrate, non pour en éclaircir le texte, mais pour les tourner en ridicule; ils choisirent surtout, à cet effet, ses prognostics. D'autres suivirent une route plus conforme à l'objet de leurs études, tout en s'écartant encore des principes de leurs maîtres. Parmi eux, il en est quelques-uns qu'on peut citer comme ayant rendu quelques services à l'art de guérir, et comme ayant jeté les fondemens de la médecine empirique, dont nous parlerons plus tard.

Démétrius d'Apamée, au rapport de Cœlius-Aurélianus, cultiva avec succès la pathologie générale. Il divisa les hémorrhagies en deux classes, en celles qui sont produites par la déchirure des vaisseaux ou par la putréfaction de leurs parois, et en celles qui surviennent sans que ces parois soient altérées. Elles sont dues à l'atonie ou à l'anastomose des vaisseaux. On voit combien cette théorie se rapproche de celle d'Erasistrate.

Démétrius, dit le même auteur, n'établissait d'autre différence entre la pleurésie et la pneumonie que celle qui dépend de l'intensité des symptômes, et il a indiqué avec précision les caractères qui différencient les convulsions du tremblement.

Mantias, autre disciple d'Hérophile, et maître d'Héraclide de Tarente, écrivit le premier sur les préparations des médicamens. Il a laissé sur les devoirs des médecins un ouvrage peu estimé. Il est l'auteur de quelques appareils chirurgicaux peu connus; sa pratique était complétement empirique.

Bacchius, de Tanagra, doit sa célébrité à sa théorie sur les hémorrhagies; aux causes admises par Démétrius d'Apamée, il ajouta la *transsudation* des vaisseaux. Il pensait que le pouls était le même partout, parce que les vaisseaux sont toujours remplis de sang.

Il commenta, le premier, les Aphorismes d'Hippocrate, et il composa un vocabulaire des termes employés par ce médecin.

Zénon, de Laodicée, n'est connu que par sa polypharmacie; il composa un grand nombre d'antidotes, et il regardait la ciguë comme un poison froid.

Nous citons *Apollonius*, de Citium, surnommé *Mys*, parce qu'il définissait la pleurésie une *inflammation de la plèvre et des muscles intercostaux*. Son ouvrage sur les articulations, loin d'éclaircir les endroits obscurs d'Hippocrate, ne fait que les rendre encore plus obscurs. Il écrivit aussi sur les antidotes.

Un autre disciple d'Hérophile qui s'occupa, mais avec peu de succès, de commenter les œuvres d'Hippocrate, est *Callimaque*. Cet auteur composa un traité sur les dangers des parfums de certaines fleurs qu'on emploie pour faire des couronnes.

Callianax traitait ses cliens avec une extrême barbarie; Galien ne le cite que comme un homme dur et inhumain. On rapporte qu'un malade lui ayant demandé s'il mourrait, il lui répondit par ce vers d'Homère :

« *Patrocle mourut bien, qui valait mieux que toi.* »

Chryserme attribuait les battemens des artères à leur dilatation et au resserrement alternatifs que produisent, dans ces organes, les forces vitales, et il pensait que le cœur n'y contribuait en rien.

Il recommandait la racine d'asphodèle contre les scrophules et le goître.

Andréas, de Caryste, n'établissait aucune différence entre l'ame et les sens; il ne leur assignait aucun siége; ils sont partout.

Il écrivit sur les propriétés des médicamens, et, dans cet ouvrage, il se plaint de l'infidélité des marchands qui sophistiquent l'opium. Il composa plusieurs collyres très-actifs; il laissa un traité sur l'hydrophobie et un autre sur la *pantophobie*.

Suivant Andréas, c'est la substance médullaire qui fournit les matériaux du cal dans les fractures. Ce médecin inventa plusieurs machines pour réduire les luxations du fémur.

Ce fut à peu près à l'époque où les successeurs d'Hérophile et d'Erasistrate introduisaient le goût des sophismes et des paradoxes, où les médecins s'occupaient sans cesse de disputes scolastiques, que la médecine fut divisée en *médecine proprement dite, en chirurgie* et *en rhizotomie* ou *pharmacie:* alors des hommes de génie cultivèrent l'art chirurgical, et cette branche de la médecine ne tarda pas à atteindre un certain degré de perfection.

Celse prétend que le premier qui s'est distingué dans cet art fut *Philoxène*. Après lui on cite *Héron*, qui indiqua que l'épiploon se trouve souvent dans les hernies ombilicales; puis *Gorgias*, qui croyait que, dans la majorité des cas, ces tumeurs étaient formées par l'air. Enfin on nomme *Sostrate*, fameux lithotomiste, qui a beaucoup travaillé à la perfection des bandages; il se livra aussi à l'étude de l'histoire naturelle, et il composa un traité sur la morsure des animaux venimeux. Mais il existait encore à Alexandrie un autre opérateur non moins célèbre, c'était *Ammonius;* il inventa un instrument propre à briser la pierre dans la vessie. Nous ne devons pas oublier de rappeler les noms d'*Amyntas* de Rhodes, qui créa, sous le nom de *boulevard*, un bandage pour maintenir les os du nez fracturés; de *Périgène*, à qui l'on doit le *casque* destiné aux plaies de tête, ainsi que le *bec-de-cigogne* pour les luxations de l'humérus; de *Pésicrate* et de *Niélus*, inventeurs d'une espèce de caisse carrée, très-pesante, pour réduire les luxations de l'humérus, et qu'ils appelèrent *plinthium.*

Tels sont les faibles renseignemens qu'on a sur cette partie de l'art de guérir, et qui ont été recueillis dans la bibliothèque de *Sérapis*, celle du château de *Bruchium* ayant été la proie des flammes avant la prise d'Alexandrie par Jules-César.

Nous avons dit que les médecins, au lieu de s'occuper de la médecine d'Hippocrate, s'abandonnaient à des discussions stériles, et peut-être se mêlèrent-ils d'objets politiques; c'est au moins ce que nous devons supposer, puisqu'ils furent, avec les autres savans, chassés d'Alexandrie, sous le règne de *Ptolémée Physcon*, surnommé le *ventru*, à la suite d'une révolte qui éclata dans cette ville.

Les médecins et tous les philosophes furent donc forcés d'aller chercher un asile dans d'autres pays, et ils se répandirent dans l'Asie-Mineure, où ils établirent des écoles suivant la secte à laquelle ils appartenaient. Les partisans d'Hérophile en formèrent une à Laodicée, qui porta le nom d'*hérophilienne*, et qui avait *Zeuxis* pour chef, lequel adopta l'empirisme avec d'autres sectateurs d'Hérophile. Il commenta les œuvres d'Hippocrate; mais, suivant Galien, ses commentaires sont extrêmement incorrects.

Zeuxis eut pour successeur *Alexandre Philalèthe*, dont nous ne connaissons que les définitions qu'il a données du pouls. Le pouls, dit-il, consiste dans une contraction et une dilatation involontaires, mais sensibles, du cœur et des artères; ou il résulte du choc qu'impriment à la main les mouvemens continuels et involontaires de ces organes, ainsi que du repos qui succède à ce choc. Il faut aimer à parler pour donner de semblables définitions.

Démosthène fut son disciple; il adopta la même définition, en la modifiant néanmoins un peu : le pouls est une dilatation et une contraction du cœur et des artères qui peuvent tomber sous les sens. Ce médecin s'est recommandé à la postérité par son traité des maladies des yeux, ouvrage fort estimé par les anciens.

Aristoxène, autre disciple d'Alexandre Philalèthe, a aussi défini le pouls, qui est, suivant lui, une action propre au cœur et aux artères.

Ce médecin prescrivait les lavemens pour combattre l'hydrophobie, et il vantait contre la fièvre quarte des frictions avec de l'huile dans laquelle on avait fait infuser le petit liseron.

Le nom d'*Héraclide*, d'Erythée, disciple de Chrysermе, est parvenu jusqu'à nous avec ses commentaires sur les ouvrages d'Hippocrate. Galien n'exprime aucune opinion à leur égard.

Nous avons plusieurs médecins qui ont porté le nom d'*Apollonius*; celui dont nous parlons ici était de la secte d'Hérophile ; il naquit à Pergame, et il fut surnommé *Ther;* il commenta également les œuvres d'Hippocrate.

Un troisième *Apollonius* vivait à la même époque que le précédent ; on le désignait sous le nom d'*Apollonius tyr*. Il est l'auteur d'un bandage nommé *le petit temple;* il a composé un ouvrage dans lequel il nomme tous les disciples de Zénon.

Les successeurs et partisans d'Erasistrate formèrent de leur côté une école dont le siége fut d'abord à Alexandrie, et ensuite elle a été transportée à Smyrne, lorsque les savans furent forcés de s'éloigner d'Égypte. Elle prit le nom d'école des *Erasistratéens*, dont les médecins les plus distingués ont été *Icésias,* qui s'acquit une réputation extraordinaire, et *Strabon* de Béryte.

Icésias laissa une multitude d'écrits ; mais les plus remarquables ne traitent que des plantes, des onguens, des alimens, etc.

Strabon, de Béryte, embrassa aussi le système d'Erasistrate ; il écrivit un ouvrage pour expliquer les passages obscurs d'Hippocrate ; il prétendait qu'on ne devait pas pratiquer la saignée, pour les raisons émises par Erasistrate, et ensuite parce qu'on courait le danger d'ouvrir une artère au lieu d'une veine, ne pouvant distinguer l'une de l'autre.

Sous le règne de Ptolémée, il existait à Alexandrie un autre *Strabon* surnommé *le physicien ;* il était de Lampsaque ; il se livra à l'étude de la médecine d'après la doctrine d'Erasistrate; dans l'explication des phénomènes de la nature il excluait toute participation de la Divinité. D'après son opinion, l'ame n'est que la réunion de diverses sensations; son siége est entre les paupières. Il était partisan du système des nombres, et il accordait de grandes propriétés au nombre sept.

Galien dit que *Lycon* de Troas fut le successeur de Strabon. Lycon, d'après le même auteur, s'adonna beaucoup à la physiologie; mais il ne fit connaître aucune de ses pensées.

Comme ayant joui d'une certaine réputation et comme partisans du système d'Erasistrate, nous devons citer les noms d'*Apollonius* de Memphis; de *Nicias* de Milet; d'*Artémidore* de Sida, de *Charidème*, et celui de son fils *Hermogène* de Triccas.

QUATRIÈME SECTION.

École empirique.

On attache assez improprement, selon nous, une sorte de mépris au mot *empirique*, parce qu'on le confond, au moins dans le langage vulgaire, avec celui de *charlatan*. Nous pensons qu'un pareil rapprochement ne peut être fait que par celui qui ignore l'histoire de la médecine, qui n'a aucune idée de ce qu'était l'art de guérir chez les premiers peuples. Les anciens médecins empiriques, qui dans bien des cas sont encore nos maîtres, méritent notre estime, attendu qu'ils ont fait faire des progrès incontestables à la science médicale, parce qu'ils nous ont indiqué la route que nous devons suivre dans l'observation des faits. Le charlatan n'est que l'objet de notre dédain, parce qu'en général c'est un homme sans talent, qui abuse de la crédulité publique, qui use de tous les moyens qui lui paraissent bons, pourvu qu'ils le conduisent à satisfaire son insatiable cupidité.

Les disciples d'Hérophile fondèrent l'école empirique, à la tête de laquelle on place *Philinus* de Cos et *Sérapion* d'Alexandrie. Cette école a joui d'une certaine célébrité pendant trente ans, c'est-à-dire depuis la deux cent quatre-vingtième année jusqu'à la deux cent cinquantième année avant Jésus-Christ.

Le pyrrhonisme, qui, à cette époque, s'était introduit dans toutes les sciences, contribua beaucoup aux progrès de la secte des empiriques; mais comme l'ancien scepticisme n'était pas à la portée de tout le monde, puisqu'il supposait de grandes connaissances de la part de celui qui le professait, il conduisit les uns sur la vraie voie de la science et les autres à l'absurde: aussi vit-on naître une foule de théories contradictoires tant sur les maladies que sur la thérapeutique les divagations, sur cette dernière branche de l'art de guérir recevaient un aliment des nouvelles substances médicamenteuses qu'apportait sans cesse le commerce étendu des Égyptiens. Ce serait nous écarter du plan que nous nous sommes imposés, si nous rappelions tous ces systèmes; nous ne devons faire connaître que les opinions qui ont contribué aux succès de la médecine.

Les premiers empiriques fixèrent d'abord leur attention sur le concours des symptômes, sans s'occuper des maladies et de leurs causes; ils établirent des règles fixes, invariables, pour se livrer à l'observation, pour recueillir des faits sur lesquels était fondée leur science, et ils avaient soin de distinguer les accidens qui tiennent immédiatement à la maladie de ceux qui ne lui sont qu'accessoires. Le médecin devait retenir ces faits, et ils donnaient le nom de *théorème* au souvenir des observations.

On tirait les observations de trois sources : du *hasard*, des *essais*, de l'*imitation* ou de l'*analogie*. Lorsqu'on a conservé le souvenir des faits identiques remarqués plusieurs fois, on possède l'*empirisme* ou l'*autopsie*, qu'on peut également acquérir par l'histoire, qui est le souvenir écrit des faits observés par d'autres médecins; mais ces deux moyens de l'obtenir sont insuffisans dans les cas de maladies nouvelles et dans ceux de l'emploi de nouveaux remèdes; alors on a recours à ce qu'ils ont appelé *analogisme*. L'analogisme consiste à conclure d'après la similitude des phénomènes morbides, ou des qualités physiques des substances.

L'observation réitérée sur le même objet a reçu le nom d'*expérience pratique*.

L'*observation*, l'*histoire* et l'*analogisme* constituent ce que Glaucias nommait le *trépied de la médecine*.

Par la suite, les empiriqnes substituèrent au

mot *analogisme*, qui n'était applicable qu'à la pratique, celui d'*épilogisme*, qui indique un raisonnement au moyen duquel on peut faire concevoir ce qui sort de la sphère ordinaire des idées; par exemple, pour rappeler ce qui a été omis dans une observation, pour réfuter les objections des dogmatiques, et renverser leurs sophismes.

Pour utiliser les observations, ils séparaient ce qui est commun de ce qui est particulier, ce qui suppose une opération de l'esprit à laquelle les empiriques modernes ont donné le nom d'*hypotypose*, parce qu'en établissant des comparaisons, ils n'ont égard ni aux causes occultes ni à l'origine de nos affections.

Les empiriques distinguaient les simples incommodités des maladies : dans les incommodités ils plaçaient la *chaleur*, l'*enflure*, la *douleur*, la *toux*, etc., qu'ils appelaient symptômes, et ils définissaient la maladie une réunion de symptômes, qui s'observent toujours de la même manière, et qui ne peut être caractérisée par un seul, mais qui a besoin du concours de plusieurs phénomènes morbides que l'expérience a démontré se présenter constamment dans les mêmes circonstances; ainsi, par exemple, la toux n'est point une maladie, ce n'est qu'un accident; mais si elle est accompagnée d'autres accidens tels que fièvre continue, douleur au côté, difficulté de respirer, crachement de sang, etc., il y a un concours d'accidens qui constituent la pleurésie; ainsi des autres.

Ils avaient pareillement égard à la complication

des symptômes, à leur développement et à leur marche.

Les dogmatiques reprochèrent, avec raison, aux empiriques de négliger l'étude de l'anatomie et de la physiologie ; ils sentirent la solidité de cette objection, car ils convenaient que lorsqu'on peut, par hasard, acquérir quelques connaissances à cet égard, il faut en saisir l'occasion, et celle qui se présentait le plus fréquemment leur était offerte par les plaies ; ils donnèrent le nom de *théorie traumatique* aux notions acquises de cette manière. Quant à la physiologie, ils ne s'en occupèrent pas, et ils n'admirent d'autres forces dans le corps que celles dont l'expérience leur avait prouvé la réalité.

On a dû remarquer une grande différence entre les principes des dogmatiques et ceux des empiriques ; cependant ils traitaient leurs malades à peu près de la même manière : les dogmatiques saignaient dans les cas où les empiriques recommandaient la phlébotomie, etc. Ces circonstances furent saisies par ces derniers pour prouver aux premiers qu'ils n'agissaient pas conformément à leur système, et qu'ils étaient obligés de recourir à l'expérience, seul guide assuré pour l'administration des médicamens.

Philinus, ainsi que nous l'avons déjà dit, passa généralement pour avoir créé la secte des empiriques. Ce médecin écrivit un mauvais commentaire sur les œuvres d'Hippocrate.

Sérapion d'Alexandrie, hardi novateur, fut le chef de l'école dont nous parlons. Peu satisfait des théories introduites par les philosophes dans la médecine, il les rejeta, et il prétendit que tout raisonnement est non-seulement futile, mais dangereux ; il n'y a, selon lui, que l'expérience qui puisse guider le médecin dans l'emploi des médicamens. De ces premières données découlèrent celles que nous venons de faire connaître.

Les principaux ouvrages de Sérapion consistent dans un livre écrit avec véhémence contre Hippocrate, et un autre dans lequel il s'occupe presque exclusivement d'agens thérapeutiques. Cet auteur, doué d'une imagination vive, n'était pas exempt de superstition ; car il conseillait, dans l'épilepsie, par exemple, outre le castoréum, la cervelle de chameau, la pressure du veau marin, les excrémens du crocodile, le cœur du lièvre, le sang de la tortue et les testicules du sanglier.

L'histoire rapporte qu'*Apollonius*, autre disciple d'Hérophile, a été un des premiers de ceux qui embrassèrent l'empirisme. On le désigne généralement sous le nom de *Biblas*. Il commenta les œuvres d'Hippocrate ; il écrivit un livre sur les onguens et un autre sur les préparations extemporanées des médicamens.

Glaucias a commenté le sixième livre des épidémies attribué à Hippocrate. Il est auteur de plusieurs volumes écrits en faveur de sa secte; il paraît, suivant Pline, qu'il composa un traité sur les propriétés des médicamens. Il est encore connu par plusieurs corrections qu'il fit subir aux bandages employés dans les plaies de tête, dans les fractures de l'humérus et de la clavicule; enfin, ainsi que nous l'avons dit, il nomma *trépied* de la médecine l'*observation*, l'*histoire* et l'*analogisme*.

Héraclide de Tarente a été, de tous les médecins empiriques, celui qui eut une plus grande réputation; il s'écarta cependant un peu des principes de son école; il s'attacha à examiner avec soin tout ce qu'il appelait la *matière* de la médecine, c'est-à-dire les *plantes*, les *minéraux*, les *animaux*, et à préparer divers médicamens. Il a composé un ouvrage intitulé *Nicolas*, nom de la personne à laquelle il est dédié, et dans lequel il traite des maladies internes. Dans cet écrit, il est question du choléra, affection qui n'est par conséquent pas nouvelle, ainsi que quelques savans de nos jours l'ont prétendu. Il combattait cette affection par la jusquiame, l'anis et l'opium, ou par la myrrhe, le safran, l'opium ou le pavot. Héraclide s'est beaucoup occupé de la diététique, de la matière médicale, qu'il perfectionna. Mais ses travaux les plus remarquables sont relatifs aux poisons; il a principalement traité de la jusquiame, de la ciguë et de l'opium. Cette dernière substance formait la base de ses antidotes. Il commenta aussi Hippocrate. Citon un fait qui fera juger des talens pratiques de cet écrivain : il traitait la frénésie en plaçant le malade dans une chambre obscure, en le saignant, en lui prescrivant des lavemens journaliers et en lui appliquant des fomentations sur la tête.

Zopyre, médecin de cette époque, fit connaître son antidote contre les poisons; il lui donna le nom d'*Ambrosia*. Il se rendit surtout célèbre par sa classification des médicamens d'après leur mode d'action. Il faisait un grand usage des errhins, des diurétiques, des sudorifiques, des astringens et des substances auxquelles il attribuait la propriété de faciliter la suppuration, la lactation et l'expectoration.

Le rhizotome *Cratevas*, son contemporain, écrivit un traité sur la botanique auquel il joignit le dessin d'un grand nombre de plantes.

Après lui on cite comme botaniste distingué *Cléophante*, qui a donné une assez bonne description des plantes médicinales. Il fut le maître d'Asclépiade.

Un poète-médecin qui a joui d'une certaine réputation, et qui vivait du temps d'*Attale*, fut *Nicander*, fils d'Amnœus. Il décrivit en vers, dit-on, les accidens qui surviennent à la suite des blessures faites par des animaux venimeux, et il a indiqué, dans le même langage, les moyens qu'il est convenable d'employer pour les guérir. Il place le venin du serpent dans une membrane qui entoure les dents. Son livre est intitulé *Thériaca*. Dans un autre ouvrage qui a pour titre *Alexipharmaca*, il s'occupe des poisons et des contre-poisons. Dans la classe des poisons minéraux, il n'est question que de la litharge (protoxide de plomb) et de la céruse (sous-carbonate de plomb). D'après lui, le poison végétal le plus pernicieux est le *toxicum*, que nous ne connaissons pas. L'opium est également placé dans les substances délétères.

Nicander a mis en vers les pronostics d'Hippocrate, et c'est lui qui a le premier établi une différence entre les papillons de nuit et ceux du jour; il a donné à ces derniers le nom de *phalènes*.

Comme ayant écrit sur les médicamens, nous devons encore citer *Héras* de Cappadoce et *Ménodote*. Mais celui qui mérite de fixer plus particulièrement notre attention est *Theudas* de Laodicée. Ce médecin défendit sa secte vivement, et avec succès, contre les dogmatiques, en démontrant que les empiriques employaient le raisonnement pour distinguer le particulier du général, ce qui est identique de ce qui ne l'est pas. Il écrivit aussi sur différentes branches de la médecine, et il divisa cette science en *indicatoria*, *curatoria* et *salubris*.

Pendant la période que nous venons de parcourir, plusieurs princes s'occupèrent de médecine, et principalement de toxicologie. Nous ne parlerons que d'*Attale* et de *Mithridate*.

Attale Philométor, dernier roi de Pergame, dont la vie fut souillée par l'assassinat de son oncle et de son bienfaiteur, a joui de quelque considération à cause de son habileté en médecine, pour ses grandes connaissances en botanique, et surtout pour ses études sur les poisons, dont il cherchait sans cesse les antidotes.

Mithridate III, roi de Pont, surpassa Attale en savoir et en habileté dans l'art de guérir. Ce prince nous donne un exemple frappant de la monomanie des souverains qui, sans cesse, sont tourmentés par la crainte d'être empoisonnés. Pour se préserver des effets du poison, il en prenait habituellement; il essayait sur lui les antidotes qu'il avait expérimentés sur des criminels, dont le principal portait son nom, et dans lequel entraient cinquante-quatre ingrédiens. Mithridate composa un traité de *arcanis morborum*, que Pompée fit porter à Rome, et que son affranchi Lœnus traduisit en latin.

On a prétendu que pendant un assez long laps de temps il n'existait aucun médecin à Rome, et que la médecine, ignorée des Latins, n'y fut introduite que long-temps après les autres sciences; c'est au moins là le sentiment de *Pline;* mais si nous consultons *Denis* d'*Halicarnasse*, nous voyons qu'en l'an 301 de la fondation de Rome, une peste terrible ravagea cette brillante cité et que la perte considérable qu'elle occasiona fut attribuée à ce que le nombre des hommes de l'art n'était pas en proportion des besoins du moment. Pour concilier ces deux assertions, on doit croire seulement que les étrangers n'étaient pas admis à exercer à Rome, mais qu'il y avait des médecins, et qu'on y cultivait cette branche importante des connaissances humaines, puisque *Caton* le censeur écrivit un livre dans lequel il annonçait la conduite qu'il tenait lorsque sa femme, son fils ou ses bestiaux étaient malades. De plus, à cette époque, Annibal avait pour médecin un nommé *Sylanus,* qui passait pour être très-entendu dans l'art d'extraire le fer enfoncé dans les chairs et pour assoupir les serpens.

Quoiqu'il en soit, il paraît qu'*Archagatus* du Péloponèse fut le premier médecin grec qui ait pratiqué l'art de guérir à Rome, où il vivait sous le consulat de *Lucinus Emilius*. Archagatus n'a pas été un homme distingué; il traitait ses malades par des moyens violens, tels que le feu, le fer: c'est là, sans doute, le motif des persécutions qu'il eut à essuyer de la part des Romains, et des mépris de Caton, qui d'ailleurs n'aimait pas les Grecs, ainsi qu'on peut s'en convaincre en lisant la lettre qu'il écrivit à son fils.

CINQUIÈME SECTION.

École méthodique.

L'histoire de l'école méthodique doit dater de l'époque où vécut *Asclépiade* de Bithynie, quoique ce soit à *Thémisson* de Laodicée qu'on fait généralement honneur de ce système. Thémisson, en profitant des idées de son maître, les simplifia; mais il n'en fut pas l'auteur. *Cœlius Aurelianus* l'a ensuite mieux développé, et nous ne le connaissons bien que par ses ouvrages.

Asclépiade de Bithynie, étranger à la famille des Asclépiades dont nous avons parlé, vécut quelques années à Alexandrie, ensuite à Athènes, et il se fixa à Rome dans le temps où la conquête de l'Orient y avait porté le luxe au plus haut degré. Ce médecin devint l'ami de Cicéron, et il sut s'acquérir une brillante réputation, qu'il dut à ses talens, à son éloquence et à son charlatanisme. Pour justifier l'épithète de charlatan que lui donne *Celse*, il rapporte le fait suivant : Asclépiade, passant dans une rue, aperçut un convoi funèbre; aussitôt il s'écrie que la personne dont on allait faire les funérailles n'était pas morte ; il fit arrêter le convoi, il administre quelques médicamens qui rappellent le défunt à la vie. Cette cure merveilleuse, qui n'était, comme on s'en doute bien, qu'un stratagème, contribua singulièrement à accroître la célébrité dont il commençait à jouir.

En arrivant à Rome, Asclépiade blâma d'abord la conduite qu'Archagatus y avait tenue cent trente ans avant lui; il suivit une marche opposée à la sienne; il cherchait à amuser ses malades, il les faisait mettre dans des lits ou dans des bains suspendus, afin de les endormir par un doux balancement.

Mais Asclépiade s'est rendu recommandable par des idées neuves, pour avoir introduit dans la médecine un système particulier qui n'est pas sans mérite. Il adopta la doctrine corpusculaire de Démocrite, perfectionnée par Épicure. Il pensait que les atomes sont disproportionnés, mais divisibles, friables, et sujets à différens changemens; qu'ils ont la faculté de se rouler dans le vide, de se heurter les uns contre les autres, et que, de ces mouvemens, naissent tous les corps visibles. Adaptant ces idées générales de physique au corps humain, il disait que l'homme résulte de la réunion accidentelle d'atomes qui affectent une forme déterminée dans l'espace; les corpuscules, en s'appliquant les uns sur les autres, donnent naissance aux pores. La santé est due à la juste proportion établie entre les pores et les corpuscules, et la maladie, à la disproportion des uns d'avec les autres. Celle-ci dépend 1° de l'*étroitesse* des pores; 2° de leur trop grande largeur; 3° de la trop grande étendue des corpuscules circulaires dans le vide.

On voit qu'il avait réduit les maladies, après les avoir divisées en aiguës et en chroniques, à ces trois conditions principales; et quant au traitement, presque toujours uniforme, il n'avait pour but que de rétablir, par des moyens tirés de l'analogie, la juste proportion qui doit exister entre les corpuscules et les pores.

Asclépiade pensait que les atomes les plus déliés ne différaient point du pneuma des autres écoles, et qu'ils étaient formés par les alimens ou par l'air qui pénètre dans les poumons. Il attribuait également aux atomes la chaleur animale, la sensibilité et la digestion; celle-ci, suivant lui, n'est qu'une simple division des corpuscules en particules plus déliées, opérées par le pneuma, cause aussi du battement du pouls en raison de son passage du poumon dans le cœur et de cet organe dans les artères.

Les maximes thérapeutiques d'Asclépiade étaient *sûreté*, *célérité* et *agrément*.

Le médecin dont nous parlons fut le premier qui conseilla la bronchotomie dans les angines violentes. Il rejetait l'emploi des vomitifs, considérant ces évacuans comme très-nuisibles; il prescrivait quelquefois la saignée et généralement l'eau fraîche.

Asclépiade eut un grand nombre de disciples, parmi lesquels nous citerons *Nicon* d'Agrigente ; *Arctorius*, médecin et ami d'Auguste ; il écrivit sur l'hydrophobie, et il chercha à prouver que cette maladie avait son siége dans l'estomac; *Clodius*, qui prétendit avoir employé avec beaucoup de succès l'assa-fœtida contre le tétanos; *Nicératus*, à qui nous devons un traité sur la catalepsie; mais le plus célèbre de tous les disciples d'Asclépiade fut *Thémisson* de Laodicée.

Thémisson vivait vers l'an 63 avant Jésus-Christ. Il se laissa entraîner par la nouveauté du système d'Asclépiade ; mais il n'adopta pas tous les principes de son maître, il les présenta d'ailleurs sous une forme plus simple et plus claire. Il rejeta d'abord l'étude des causes comme inutile, et il admit trois classes de maladies, les unes appartenant au *strictum*, ou au genre resserré; les autres au *laxum*, ou au genre relâché ; et les autres à une classe *mixte*, c'est-à-dire qui tient à la fois aux deux premiers genres.

Comme Asclépiade, Thémisson distinguait les maladies en aiguës et en chroniques. Il apportait beaucoup d'attention à leur marche, c'est-à-dire à leurs périodes d'accroissement, d'état et de diminution ; il appliquait à chacune de ces périodes un traitement spécial et méthodique, sans avoir égard à l'âge, à la saison et au tempérament. Quoiqu'il prétendît, par son système, combattre les opinions des empiriques et des dogmatiques, on voit cependant qu'il se rapprochait d'eux sur divers points :

il était d'accord avec les premiers, en mettant de côté les considérations tirées des causes morbifiques, et avec les seconds, en raisonnant sur les indications que lui fournissaient les diverses périodes de la maladie.

Thémisson a fort bien décrit la lèpre : il indique, pour la guérir, un traitement basé sur de sages principes. Il fut le premier qui classa le satyriasis au nombre des maladies distinctes, et qui ait employé des sangsues. Il avait une confiance aveugle dans les propriétés du plantain, qu'il regardait comme un remède universel.

Thémisson de Laodicée eut de nombreux disciples : les plus remarquables sont *Eudème*, qui paraît être le premier qui ait prescrit des lavemens d'eau froide; il se vantait de posséder une infinité de remèdes secrets. Après lui, on cite *Vettius Valens*; *Musa*, qui parvint à rétablir la santé d'Auguste en lui faisant prendre des bains froids. Le sénat romain le récompensa en lui donnant, quoique esclave, le titre de chevalier, et lui fit élever une statue en bronze dans le temple d'Esculape. Musa introduisit dans la médecine l'usage de la chair de vipère, qu'il recommandait contre les ulcères malins.

Ce médecin écrivit sur les propriétés des médicamens, et il vanta beaucoup la chicorée, la laitue, l'endive. Il possédait, dit-on, un médicament pour chaque maladie et plusieurs antidotes.

Nous devons encore rappeler le nom du chirurgien *Mégès* de Sidon, qui distingua le premier le gonflement scrophuleux des seins, qui prétendit avoir réduit la luxation du genou en avant, et pratiqué la taille avec un instrument de son invention.

On est peu d'accord sur l'époque où vivait *Cornélius Celse*; mais au milieu d'un grand nombre de contradictions, on peut cependant admettre qu'il naquit peu avant les premières années de l'ère vulgaire, sous le règne d'*Auguste-César*, et qu'il n'a écrit que sous celui de *Tibère*; au dire de quelques auteurs, il était romain, et, d'après d'autres, de Vérone. Celse fut à la fois philosophe, rhéteur et médecin. Ses ouvrages, qui se composent de huit livres intitulés *de Re medicâ*, sont d'un style si pur et si élégant qu'ils ont mérité les éloges de *Quintilien*. Les quatre premiers traitent des maladies internes, ou de celles qui se guérissent principalement par la diète; les deux subséquens, des maladies externes; ils renferment aussi une quantité prodigieuse de formules; les deux derniers sont relatifs à la chirurgie.

Celse a su profiter des connaissances de ses prédécesseurs et de celles de ses contemporains; il ne s'est spécialement attaché à aucune secte : néanmoins on est porté à penser qu'il professait le méthodisme. Ce médecin a commencé quelques descriptions anatomiques qu'il n'a pas complétées. Il paraît qu'il s'est peu occupé de physiologie, mais beaucoup d'hygiène et de chirurgie : en hygiène nous lui devons des préceptes très-sages; sa chirurgie est remplie d'idées judicieuses; il a décrit parfaitement une infinité d'opérations qu'il ne paraît cependant pas avoir pratiquées. On lui doit aussi une histoire fort exacte de l'éléphantiasis.

Thessale de Tralle, qu'on regarde, en général, comme ayant été un homme grossier, jaloux et orgueilleux, vivait dans le cours du premier siècle de l'ère vulgaire. Il développa le système de Thémisson, et il fut le premier qui se servit des idées d'Asclépiade de Bithynie pour établir une nouvelle indication qu'on devait remplir lorsque les signes ordinaires du *strictum* et du *laxum* venaient à manquer. Cette indication était la *métasyncrise*, c'est-à-dire le rétablissement du rapport qui existe, dans l'état normal, entre les pores et les atomes, rapport troublé par la maladie. Il appliquait cette méthode aux ulcères.

Thessale négligeait la recherche des causes ; il n'admettait point les signes pronostics; selon lui, aucun médicament n'agit sur une partie isolée du corps et n'a le pouvoir d'évacuer une humeur particulière, mais tous détendent, resserrent ou opèrent la métasyncrise. Ses principes diététiques étaient d'accord avec ses opinions, et ce fut lui qui dans le traitement des maladies proclama les avantages qu'on obtient d'une abstinence de trois jours. Les médecins qui suivirent cette méthode furent désignés sous le nom de *diatritarii*. Il peut être aussi regardé comme l'auteur de la règle *cyclique*, règle qui, prise dans sa totalité, se compose de trois séries de remèdes, toujours les mêmes et disposés dans un ordre déterminé. Le premier, qu'on appelle *cycle* ou *cercle résomptif* ou *rigoureux*, était mis en usage au début des maladies; le second, nommé *métasyncritique*, se prescrivait après l'emploi du premier ou dans les affections du genre relâché; le troisième n'a pas reçu de nom spécial, et il était continué pendant neuf jours.

Thessale n'allait jamais visiter ses malades qu'accompagné d'une troupe d'élèves, et parmi ses disciples on range *Ménémachus*, *Olympicus*, *Apollonide* de Chypre et *Mnaséas*. Ce dernier trouva le *strictum* et le *laxum* réunis dans l'épilepsie, la léthargie, la paralysie et le catarrhe.

Philoménus, médecin méthodiste qui vivait dans le même siècle, est principalement connu par ses observations sur la dysenterie qu'il nommait rhumatismale. Il défendit l'opium dans cette affection, ainsi que les astringens; mais il vantait l'efficacité des fruits; Tissot et Zimmermann n'ont pas été de son avis.

Philoménus a donné d'excellens préceptes sur l'extraction du placenta.

Soranus d'Éphèse fut un grand partisan du méthodisme. Ce médecin exerça l'art de guérir à Rome avec beaucoup de distinction; il traitait parfaitement la lèpre; c'est à lui que nous devons la première observation intéressante sur le dragonneau, et qui fit la remarque que les enfans à la mamelle sont quelquefois atteints d'hydrophobie. Sa théorie du cauchemar et le jugement qu'il porte sur les chants magiques nous donnent une haute idée de son esprit élevé et affranchi des préjugés de son siècle. Soranus rejetait l'emploi des purgatifs, comme ceux de sa secte, mais il en fit connaître les motifs. Dans la pleurésie, il pratiquait la saignée, parce que cette maladie dérive du *strictum*. Dans la pneumonie, dit-il, tout le corps souffre, mais c'est le poumon qui est plus particulièrement affecté. Il n'admettait pas d'altération locale, et néanmoins il disait que le choléra-morbus est un relâchement de l'estomac et des intestins accompagné d'un grand danger.

Nous estimons que ce médecin avait quelques connaissances anatomiques; car dans son ouvrage sur les parties sexuelles de la femme, il décrit assez bien l'utérus; il indique ses rapports avec les os des iles et le sacrum; il réfute l'opinion de ceux qui croient à l'existence des cotylédons. Il démontra avec précision les changemens que le col utérin subit pendant la grossesse, et la sympathie qui existe entre ce viscère et les glandes mammaires. Sa description de l'hymen et du clitoris est, sinon parfaite, pas mal pour le temps; et ce n'est pas sans étonnement que nous lui voyons encore donner le nom de testicules aux ovaires.

Moschion, d'après quelques auteurs, fut un des rivaux de Soranus; selon d'autres, il vécut postérieurement à lui, et c'est l'opinion la plus commune. Quoi qu'il en soit, Moschion a parfaitement décrit la matrice, et il a soutenu que sa membrane interne était musculaire. Ce médecin a réfuté le sentiment de ceux qui pensent que le fœtus mâle se développe dans le côté gauche de l'utérus et celui du sexe féminin dans le droit. Un auteur très-estimable lui reproche d'avoir émis une idée singulière, en disant que les chanteuses perdent plus promptement leurs règles que les autres femmes.

Elle est cependant vraie, si on ne l'applique qu'aux actrices. On doit à Moschion un exposé exact des signes qui indiquent un avortement prochain. Il est aussi l'auteur d'un grand nombre d'observations sur l'éducation physique des enfans; mais il prétend que la mère ne doit pas, immédiatement après être accouchée, donner le sein à son enfant, parce que le lait est mauvais. Cette opinion est tout-à-fait erronée : le colostrum est purgatif, il remplace avec avantage les huiles ou les sirops qu'on prescrit communément au nouveau-né dans la vue de délayer et d'évacuer le méconium. On empêche aussi l'engorgement des seins, chose très-importante à observer. Moschion dit qu'on doit donner le sein dix-huit mois ou deux ans.

La description de cet auteur sur l'hystérie, les flueurs blanches, le squirrhe de l'utérus, la rétroversion de cet organe, est remarquable, et faite avec beaucoup de talent. Il traitait les maladies par la *métasyncrise*.

On est peu d'accord pour fixer l'époque à laquelle vivait *Cœlius Aurélianus*. Les uns assurent qu'il existait avant Galien; d'autres disent qu'il était son contemporain, et d'autres, au nombre desquels se trouve Villars, ne le placent dans l'histoire qu'au cinquième siècle de notre ère; mais tous s'accordent sur le mérite de ses ouvrages.

Cœlius Aurélianus admit la division des maladies en aiguës et en chroniques; au nombre des altérations morbides aiguës produites par le *strictum* il classe la frénésie, la léthargie, la catalepsie, etc.; la pleurésie, la pneumonie, sont du genre *mixte;* elles sont du genre lâche, parce que les malades crachent, rendent des phlegmes et quelquefois du sang; elles participent du genre resserré, parce qu'il y a tumeur dans la partie affectée. Dans le genre relâché il place la passion cardiaque et le choléra.

Les maladies chroniques du genre resserré sont les douleurs de tête, les vertiges, l'asthme. Ce dernier tient cependant du genre relâché à cause des crachats qu'expectorent les malades.

Chaque genre a des symptômes qui lui sont propres : ceux qui caractérisent les maladies du genre *strictum* sont la rétention des choses qui doivent être rejetées, l'enflure, la tuméfaction et la dureté. Les phénomènes contraires ont lieu dans les affections du genre *laxum :* elles s'accompagnent de flux, et le corps devient plus lâche, plus maigre qu'auparavant.

Quoique l'histoire d'une infinité de maladies soit écrite dans un style rude, on n'en admire pas moins l'exactitude de l'auteur. Sa pratique était celle d'un méthodiste instruit et judicieux. Nous allons donner quelques exemples à l'appui de notre opinion.

Cœlius Aurélianus ordonnait dans l'hydropisie les vomitifs, le vin scillitique, comme diurétique; les bains secs, les étuves; une diète végétale, diurétique et aromatique; les voyages sur mer et la paracentèse. C'est lui qui le premier a dit qu'il fallait serrer le ventre avec une ceinture, à mesure qu'on évacuait les eaux, si l'on voulait éviter la syncope. Dans la tympanite, il cherchait à provoquer les sueurs, et, dans cette vue, il mettait le malade dans un bain de sable.

Dans l'embonpoint excessif, il prescrivait les exercices, la diète, les veilles, les bains de sable, les frictions, les méditations profondes.

Dans les accès d'asthme, il tirait du sang, il conseillait les lavemens, l'application des ventouses scarifiées entre les épaules, etc. Après le paroxysme, il faisait prendre un vomitif, et mettait le malade à l'usage du vin scillitique.

Dans le traitement de la goutte, affection qu'il savait être plus commune chez les hommes que chez les femmes, si le ventre était constipé, il ordonnait des lavemens; si les parties étaient tuméfiées, il faisait pratiquer des scarifications ou poser des ventouses, et les sangsues dans quelques cas; on couvrait ensuite leurs piqûres avec des fomentations ou des cataplasmes émolliens.

L'apoplexie se déclare tout à coup et non lentement; on y remédie par la saignée, en plaçant le malade à l'air frais, en lui appliquant des sinapismes aux pieds, des ventouses en divers endroits de la tête.

Il a décrit avec soin la colique des peintres, le satyriasis, le priapisme, le phthiriasis, la catalepsie, la rage, qu'il ne croyait pas nouvelle; enfin, il rejette l'emploi des spécifiques.

Nous regrettons que les bornes de cet ouvrage ne nous permettent pas de nous étendre plus au long sur les écrits d'un homme qui fit faire beaucoup de progrès à la partie descriptive des maladies.

Galien reprochait aux méthodistes d'avoir négligé l'étude de l'anatomie; ce reproche ne nous paraît pas fondé, car nous avons vu que Moschion, Soranus, Cœlius Aurélianus, s'en sont occupés, et nous allons encore citer quelques auteurs qui, pendant la période que nous avons parcourue, ont reculé les limites de cette science ainsi que celles de l'histoire naturelle; en première ligne nous citerons *Rufus* d'Ephèse.

Ce médecin vivait sous Trajan; il étudia l'anatomie sur des singes : il rapporte les noms donnés aux sutures du crâne par les Alexandrins; il fait provenir les nerfs du cerveau, qu'il divise en ceux du mouvement et de la sensibilité; il est le premier qui ait décrit la réunion des nerfs optiques à la hauteur de l'*infundibulum* et la capsule du cristallin. Le cœur est le siége de la vie, de la chaleur animale et la cause du pouls; celui-ci dépend aussi de l'air renfermé dans les artères. Le ventricule droit est plus spacieux que le gauche, les parois de celui-ci sont plus épaisses que celles de l'autre.

Ailleurs, après avoir décrit les reins et la vessie, il expose fort bien leurs maladies et les moyens de les combattre Il a le premier indiqué l'emploi du mouron rouge contre l'hydrophobie. On lui doit un ouvrage sur la mélancolie qui obtint le suffrage de Galien.

Suivant le médecin de Pergame, le plus célèbre

des anatomistes de l'antiquité fut *Marinus*, qui consacra sa vie à l'étude de cette science et à celle de la physiologie; il a laissé plusieurs ouvrages sur ces branches des connaissances médicales. Marinus fit des recherches sur les glandes; il découvrit celles du mésentère; il fixa à sept le nombre des paires de nerfs; il aperçut le premier les nerfs palatins, qu'on croyait être alors la quatrième paire; sous le nom de nerf de la sixième paire, il décrivit le grand hypoglosse, etc.

Pendant la durée de l'école méthodique, il existait aussi des médecins empiriques qui, tout en s'occupant de la recherche des antidotes, des spécifiques, firent faire quelques pas à l'histoire naturelle.

Andromaque de Crète, médecin de Néron, est le premier qui se présente décoré du titre d'*archiâtre*. Cette dignité a été un sujet de dispute parmi les savans : les uns prétendent qu'elle n'a été accordée qu'au premier médecin de l'empereur; d'autres pensent que ceux des princes en furent pareillement investis; enfin, il en est qui croient qu'on appelait *archiâtres* tous les hommes de l'art chargés de soigner les indigens dans les divers quartiers de la capitale, et dans les villes et villages de l'ancien empire d'Occident. Ces médecins avaient aussi la mission d'accorder les autorisations nécessaires pour exercer l'une des branches de l'art de guérir. A cette dignité étaient attachés certains priviléges tels que l'exemption des logemens militaires, la dispense de l'impôt, etc.

Andromaque, surnommé l'*ancien*, a joui d'une certaine réputation probablement à cause de sa dignité, car il n'a rien fait pour la science, et l'on ne connaît de lui qu'une monstrueuse composition à laquelle il a donné le nom de *thériaque*, où il entre soixante-et-un ingrédiens parmi lesquels nous remarquons le poivre, la scille, l'opium, la vipère sèche, etc. Ce médicament ne fut d'abord employé que comme antidote dans les morsures du serpent, mais par la suite on l'administra dans toutes les maladies.

Andromaque le jeune, fut aussi médecin de Néron ; il écrivit, sans ordre et sans choix, sur les propriétés des médicamens. Il avait trouvé vingt-quatre remèdes contre le mal d'oreille, et une infinité d'autres pour tous les maux qui affligent l'espèce humaine.

Nous plaçons ici *Pédacius Dioscoride* d'Anazabe, quoique nous ne sachions pas précisément à quelle époque il vécut. Ce naturaliste est le seul des anciens qui ait laissé un traité complet de matière médicale et de botanique. Ses ouvrages, pendant sept à huit siècles qu'ils ont servi à l'instruction, ont obtenu un succès mérité; on les a commentés, mais ce n'est que fort tard qu'on est parvenu à les surpasser.

Parmi les substances dont il traite, nous trouvons une grande quantité d'huile, de vin extrait de divers fruits ou racines inertes et nauséabondes On y voit aussi combien il était ami du merveilleux, et quelle confiance il ajoutait à des récits plus que fabuleux. Toutefois, parmi les choses tout-à-fait contraires au sens commun, on en trouve qui méritent d'être rapportées. Ce fut lui qui prescrivit le premier la racine de fougère mâle contre les affections vermineuses; qui employa la cannelle, l'huile de ricin, à l'extérieur seulement; qui enseigna la manière de connaître la sophistication des médicamens. Il décrivit plusieurs préparations chimiques inconnues jusqu'à lui; il apprit à retirer le mercure du cinabre; enfin, la chimie lui est redevable de plusieurs opérations dont quelques-unes sont encore en usage dans nos laboratoires, et qui ont conduit nos chimistes modernes aux découvertes qui ont illustré le siècle des *Lavoisier*, des *Berthollet*, des *Chaptal*, des *Vauquelin*, etc.

SIXIÈME SECTION.

École pneumatique, éclectique et épisynthétique.

A l'époque où la secte des méthodistes brillait de tout son éclat, c'est-à-dire peu de temps après la mort de Thémisson de Laodicée, les dogmatiques prirent le nom de *pneumatiques*. Cette nouvelle secte, au lieu d'admettre la réunion des atomes comme unique base des corps terrestres, admit un principe actif de nature immatérielle, anciennement connu sous le nom de *pneuma*, d'*esprit*, lequel détermine la santé ou la maladie. Les *pneumatistes* reçurent aussi le nom de *spirituels*.

Tout en attribuant les maladies au dérangement

du pneuma, les partisans de ce nouveau système portaient aussi leur attention sur le mélange des élémens ou des qualités élémentaires; la réunion la plus favorable à la santé, d'après eux, est celle de la chaleur et de l'humidité; si la chaleur est unie à la sécheresse, on voit se développer les affections aiguës; les maladies phlegmatiques sont dues au froid et à l'humidité; et la mélancolie provient de la sécheresse. Ce sont eux qui eurent recours au mot *putridité* pour désigner un état morbide des humeurs, qu'ils croyaient exister dans toutes les maladies aiguës.

Nous rendrons plus sensible ce que nous venons de dire en exposant les travaux des médecins pneumatiques, à la tête desquels nous croyons devoir placer *Athénée* d'Attalie en Cilicie.

Athénée exerça l'art médical à Rome, et il paraît qu'il fut le contemporain de Pline l'ancien. Ce médecin pensait que le *feu*, l'*air*, l'*eau* et la *terre* n'étaient pas les vrais élémens, mais le *chaud*, le *froid*, le *sec* et l'*humide*, et qui constituaient les qualités positives du corps animal. Il admettait encore un cinquième élément qui ne paraît être autre chose que le *pneuma* ou l'*esprit* de ses prédécesseurs. A l'exemple des stoïciens, il crut aussi à la préexistence des germes; suivant lui, le sang menstruel renferme l'élément de l'embryon, et la semence de l'homme ne fait que lui donner la forme. Les testicules de la femme (ovaires) n'existent, comme les mamelles de l'homme, que pour la symétrie.

Athénée définissait le pouls, dont il établissait

une infinité d'espèces, un mouvement qui se fait par la dilatation naturelle et involontaire de l'esprit qui est dans les artères et dans le cœur; cet esprit se meut de lui-même, et il imprime le mouvement au cœur et aux artères.

Il nommait causes *procatarctiques* toutes les choses capables de donner naissance aux maladies.

La seméiotique ne fut pas pour lui une science distincte, mais une branche de la thérapeutique. Quant à la matière médicale, il la séparait de la médecine; mais ses idées sur la nature et les propriétés des médicamens étaient on ne peut plus erronnées. Il étudia avec soin la diététique, les divers états de l'atmosphère; enfin, il est le premier qui ait indiqué la manière de filtrer l'eau.

Athénée eut pour disciples ou sectateurs *Agathinus*, *Théodore*, *Hérodote*, *Archigène*, etc.

Agathinus, de Sparte, ne suivit pas exactement les préceptes de son maître: il s'en éloigna en cherchant à se rapprocher de l'école des empiriques et de celle des méthodistes: c'est pourquoi on désigne sa secte sous le nom d'*éclectique* et que lui-même appela *épisynthétique*. Cependant le premier qui conçut l'idée de cette secte ne fut pas *Agathinus*, mais *Potamon*, qui vivait en Égypte sous les *Ptolémées*, et non, ainsi que quelques écrivains le prétendent, sous le règne d'Auguste. Ce fut lui qui forma, au milieu du chaos où la philosophie allait s'engloutir, le projet de choisir dans une foule de systèmes, d'hypothèses et d'opinions diverses, ce qu'il y avait de plus vraisemblable pour en créer un corps de doctrine qui fut connu sous le nom de secte *croissante*; cette secte tomba pendant quelque temps, et fut ramenée sur la scène par *Agathinus* et surtout par *Archigène.*

Le premier attribuait aux bains chauds tous les accidens produits par la faiblesse et par l'exaltation de l'irritabilité; mais il regardait le bain froid comme un puissant moyen prophylactique et thérapeutique, et voici comment il s'exprimait à ce sujet: « Ceux, dit-il, qui veulent jouir de la santé doi» vent user fréquemment de bains froids. Je ne puis » trouver de termes assez forts pour prouver l'avan» tage qu'on peut en retirer dans la vieillesse même » la plus reculée, quand on s'y est habitué de bonne » heure; ils fortifient le corps et lui donnent de la » vivacité; ils augmentent l'appétit et facilitent la » digestion; ils conservent aux sens leur activité, » et au corps toute sa vigueur. »

Archigène, d'Apamée, fut plus célèbre qu'Agathinus; comme lui, il exerça la médecine à Rome, sous les règnes de *Domitien* et de *Nerva*. Ce fut sous celui de *Trajan* qu'il mourut âgé de soixante-trois ans. Suivant Galien, les écrits de ce médecin sont quelquefois inintelligibles.

Archigène admit huit espèces principales de pouls, savoir: le *grand*, le *fort*, le *régulier*, l'*égal*, le *vite*, le *fréquent*, le *plein* et le *rhythme*. Il en reconnaissait encore une infinité de variétés parmi lesquelles nous distinguons le *formicant*, le *long*, le *large*, le *haut*, etc. Il est impossible de le suivre dans toutes ses subtilités.

Archigène plaçait le plus haut degré de la maladie immédiatement après son début, et il nommait *solution* le commencement de sa diminution. Il appela *epialos* une espèce de fièvre dans laquelle le malade éprouvait simultanément de la chaleur et de l'horripilation. Ce fut lui qui désigna sous le nom de *fièvres lavrées-intermittentes* certaines dysenteries qui donnent promptement la mort.

Ce médecin fit beaucoup d'efforts pour parvenir à reconnaître le siége d'une maladie d'après celui de la douleur, qu'il distinguait en *tensive*, *tiraillante*, *austère*, *douce*, *grêle*, *aiguë*, *recourbée*, *gluante*, etc. La tiraillante indiquait que la maladie avait son siége dans les membranes; si elle était accompagnée d'un sentiment de stupeur et d'engourdissement, l'affection morbide existait dans les parties nerveuses et provenait de la compression et de la distension des nerfs. Dans les maladies de la matrice, la douleur est *pongitive*, *pulsative*, *rongeante*; dans celle de la rate, *sourde*, *compressive*, etc.

Archigène donna une excellente description de la dysenterie, mais il croyait qu'elle était due à l'ulcération des intestins. Il a tracé un tableau exact des signes qui indiquent les abcès du foie, il a surtout décrit la lèpre avec la plus grande exactitude, et il fait remarquer que la castration en diminue singulièrement les accidens.

On est étonné, en lisant sa *Matière médicale*, de voir qu'il se servait de tous les médicamens sans choix, qu'il les employait indistinctement pour toute espèce de maladies, et qu'il en avait pour combattre chaque symptôme. Ce médecin donnait aussi dans les spécifiques, dont le plus célèbre était sa *hiera*, qui avait, selon lui, la propriété d'évacuer toutes les humeurs : au nombre de ses remèdes favoris, il en était de superstitieux.

On ne peut comprendre comment, avec des idées extrêmement erronées en matière médicale, il ait pu en posséder d'aussi judicieuses que celles qu'il émet en divisant les eaux minérales, d'après leurs principes, en *sulfureuses*, *nitreuses*, *alumineuses*, *savonneuses*, et auxquelles il n'attribuait que la propriété de dessécher ou d'échauffer. Il rejetait les drastiques de sa pratique, il ne prescrivait que les plus doux laxatifs. Enfin, il paraît avoir entrevu l'effet révulsif de la saignée, qu'il pratiquait, dans le cas de pleurésie, du côté opposé au point douloureux.

En chirurgie, on doit à Archigène quelques préceptes judicieux : dans les plaies de tête, il indiqua que l'assoupissement est toujours un indice d'épanchement. Il a tracé, sur l'amputation, des règles qui ne sont point à dédaigner ; il faisait, dans un seul temps, la section des chairs.

Philippe, de Césarée, fut un disciple distingué d'Archigène ; il écrivit sur les médicamens, sur leurs préparations et sur l'hémoptysie, contre laquelle il recommandait le suc de sauge.

Arétée, de Cappadoce, sur lequel la plus grande incertitude règne relativement à l'époque où il vivait, et qu'on croit contemporain d'Archigène, était de la secte des pneumatiques. Ce médecin embrassa ensuite celle des éclectiques, dont il recula les bornes. Ses ouvrages sont parfaitement écrits, le style en est même fleuri; mais il paraît avoir quelquefois sacrifié la vérité pour le rendre plus élégant, ainsi qu'on peut s'en convaincre en lisant sa description de la lèpre: il compare souvent la peau du lépreux à celle de l'éléphant, ce qui a fait donner à cette maladie le nom d'*éléphantiasis*.

Suivant Arétée, le corps est composé de trois parties constituantes : des *solides*, des *fluides*, et des *esprits*, dont le mélange et les rapports convenables constituaient la santé. Il expliquait, à la manière des stoïciens, l'origine du pneuma, lequel passait des poumons dans le cœur et dans les artères; celles-ci le transmettaient à toutes les parties du corps. Il plaçait dans le cœur le siége de l'ame et le foyer de la force vitale. Un pneuma dense, trouble et humide, donne lieu aux obstructions de la rate; s'il est faible, il occasione des vertiges, l'épilepsie; celle-ci est encore due à un pneuma renfermé, qui met tout en mouvement; si le pneuma est sec, terne, il produit la pleurésie; s'il est froid et sans activité, il donne lieu à la passion iliaque; enfin, ses qualités froides et sèches réunies se trouvent chez les vieillards, et donnent la mort.

Ce médecin possédait des connaissances anatomiques supérieures à celles de son siècle, ainsi qu'on peut s'en convaincre en lisant ses Tableaux des maladies, toujours précédés par la description anatomique des parties affectées.

Arétée, sous le nom d'inflammation de l'aorte, décrivit une affection particulière qui n'avait point encore fixé l'attention de ses prédécesseurs. Il regardait le foie, où il place le siége du désir, comme l'organe destiné à préparer le sang, qui, à l'état noir et coagulé, séjourne dans la rate, où il se purifie. La bile est formée dans la vésicule du fiel; et l'ictère se déclare lorsque les conduits biliaires sont obstrués. Les intestins sont composés de deux membranes, dont l'interne est quelquefois ulcérée et entraînée par lambeaux dans la dysenterie.

Sa description des reins est infiniment supérieure à celle qu'on a donnée avant lui. Arétée n'a pas ignoré l'origine des nerfs, qu'il regardait comme les organes des sensations. Il est évident qu'il les confondait encore avec les tendons et avec les aponévroses, puisqu'il prétendit qu'il en existait qui unissent les muscles aux os, et qu'il considérait la vessie et les ligamens de la matrice comme étant d'une nature nerveuse. Il admit dans l'utérus, durant la gestation, une double tunique.

Ce médecin administrait peu de médicamens, et il n'employait que les substances les plus simples. Il était partisan des vomitifs; il les prescrivait non-seulement comme évacuans, mais encore pour provoquer une secousse du système nerveux. Dans les maladies aiguës, il cherchait à favoriser la coction par l'usage des bains chauds, des lavemens et du régime; ses préceptes, à cet égard, étaient basés sur les principes d'Hippocrate. Dans les inflammations, il pratiquait la saignée du côté opposé à l'affection : il suivait en cela l'exemple d'Archigène.

Cassius, l'iatrosophiste, a écrit un recueil de problèmes de médecine, de physiologie, dans lequel nous trouvons des choses très-curieuses.

Il attribue l'asphyxie à l'épuisement du pneuma contenu dans les artères. La vue double vient de ce que la quantité des esprits nécessaires à la vision se partage. La brûlure n'occasione de phlyctènes que dans les corps vivans, parce que le pneuma n'existe que chez les êtres doués de la vie. Le pouls est altéré dans la fièvre, parce que la chaleur atténue le pneuma, augmente sa mobilité et accélère ainsi les pulsations des artères. Les personnes en colère deviennent rouges, parce que le pneuma se porte avec impétuosité vers leur visage ; au contraire, les hommes effrayés pâlissent, parce que le pneuma se retire à l'intérieur (Kurt Sprengel).

Hérodote, élève d'Agatinus et grand sectateur du système pneumatique, recommandait, dans les maladies aiguës, les exercices gymnastiques, notamment l'équitation, les bains d'huile, la natation, les eaux minérales ; aux goutteux, ainsi qu'aux atshmatiques et aux hydropiques, les bains de sable chauds. Il pensait que les sudorifiques dégageaient le pneuma de tout ce qu'il contenait d'hétérogène. Relativement à la saignée, il suivait les préceptes du vieillard de Cos. On lira avec intérêt les descriptions qu'il donne de certaines éruptions cutanées qui surviennent dans le cours de quelques fièvres aiguës, et les signes qu'il indique comme propres à nous dévoiler l'existence des vers dans l'économie animale.

Nous avons parcouru rapidement, en nous aidant dans nos recherches du lumineux ouvrage de Sprengel, l'état de la médecine depuis Hippocrate jusqu'à Galien, ce qui comprend une période de près de six cents ans; nous n'avons pu suivre une marche chronologique bien exacte, parce que les documens nous ont manqué, et parce que nous avons dû grouper les médecins, quelle que fût l'époque où ils ont vécu, autour du chef de la secte qu'ils avaient embrassée. Nous avons aussi omis de citer plusieurs hommes de l'art qui n'ont rien produit de saillant, ou qui n'ont appartenu à aucune secte proprement dite. Nous allons remplir cette lacune sans nous astreindre à aucun ordre.

Dans ces temps reculés, le Marseillais *Marmis* ne se fit connaître que par une monstrueuse composition analogue à la thériaque.

Pline et *Plutarque* figurent l'un et l'autre dans toutes les histoires qui ont rapport à la médecine. Mais le premier, comme grand naturaliste, doit y occuper une place honorable. Dans une espèce d'encyclopédie médicale, il rapporte l'histoire des médicamens tirés des trois règnes, qu'il conseille contre toutes les maladies, sans avoir égard aux causes qui les produisent. C'est de son temps que la magie commença à s'emparer des esprits et exercer une fâcheuse influence que le christianisme naissant contribua beaucoup à propager, et dont il ne sut pas entièrement se préserver. Pline fut, vers l'année 79 de notre ère, suffoqué par les flammes du Vésuve.

Quant à *Plutarque*, comme philosophe et comme physicien, il a dû trouver sa place dans l'histoire que nous écrivons. Ses idées sur l'univers, sur l'existence de l'ame, doivent être connues du médecin, qui surtout ne saurait ignorer les excellens conseils qu'il donne sur l'art de conserver la santé et de prolonger l'existence.

Sous le règne d'Auguste vivait *Apuléius Celsus*, connu par ses nombreux antidotes, dont la réputation est singulièrement déchue, surtout relativement à celui qu'il préconisait contre la rage, et qui était composé d'opium, de castoréum, de poivre et autres substances analogues.

C'est sous le règne de Tibère que *Tibérius Claudius Ménécrate* exerçait la médecine; son nom n'est parvenu jusqu'à nous que parce qu'on le dit inventeur du diachylon; cependant Galien assure qu'il a composé cinquante-cinq ouvrages sur l'art de guérir, mais il n'en fait connaître aucun.

Servilius Damocrate écrivit en vers iambiques sur les propriétés d'une infinité de médicamens. Dans son livre intitulé *Clinicus*, il parle des vertus miraculeuses d'une espèce de *passerage* contre la goutte sciatique. Pline rapporte que ce médecin guérit la fille du consul *Servilius*, atteinte d'une affection chronique, en lui faisant prendre du lait de chèvre qui avait été nourrie avec des feuilles de lentisque.

Hérennius Philon de Tarse doit la célébrité dont il a joui à la découverte d'un calmant auquel il a donné le nom de *philonium* ; il décrivit en vers la manière de le préparer. D'après Galien, il était composé d'opium, de safran, de racine de pyrèthre, d'euphorbe, de poivre blanc, de jusquiame, de nard et de miel attique.

Asclépiade pharmacion jouit également de beaucoup de réputation pour avoir inventé une prodigieuse quantité de remèdes tant internes qu'externes, et dont il a donné la description dans un ouvrage intitulé *Marcellus*.

Les noms d'*Apollonius archistrator* de Pergame; de *Criton;* de *Pamphile,* surnommé *migmatopolis*, nous sont connus parce qu'ils ont composé ou préconisé un grand nombre d'antidotes. Ce dernier s'est acquis des richesses immenses en se livrant au traitement des lichens.

Scribonius largus, qui suivit en Angleterre l'empereur Claude, n'épargna aucuns soins pour la recherche de toutes les préparations mentionnées par les auteurs anciens ; il avait une confiance superstitieuse danstoutes, et il croyait que l'alleluia, cueilli de la main gauche et avant le lever du soleil, était un préservatif assuré contre la morsure des serpens.

Nous n'avons à citer *Magnus* d'Éphèse que parce qu'il a été archiâtre à Rome du temps de Galien, et parce qu'il plaçait le siége de l'hydrophobie dans l'estomac et dans le diaphragme.

Sous le règne de Trajan, vivait à Rome un chirurgien célèbre nommé *Héliodore*; il a laissé de judicieuses observations sur les plaies de tête ; il indique les signes d'un épanchement, la manière d'appliquer le trépan et de pratiquer les amputations.

Antyllus, autre chirurgien, parle de l'opération de la cataracte par la méthode d'extraction, et il ne la conseille que lorsqu'elle n'est pas très-forte. Il pratiqua la bronchotomie dans l'angine, et l'incision dans l'hydrocèle ; il distingua l'hydrocéphale des enfans nouveau-nés, suivant son siége, et il nia qu'elle pût avoir lieu entre les méninges et le cerveau.

Antyllus a laissé sur les préparations des emplâtres et des onguens des préceptes assez sages. Il a parfaitement spécifié les vaisseaux qu'il faut ouvrir, et il ne voit aucun inconvénient de tirer du sang des artères. Il démontra avec précision les cas où il faut avoir recours à la saignée, aux ventouses, aux scarifications.

C'est à la manière des méthodistes qu'il explique l'action des différentes températures de l'air sur le corps humain. Il donne d'excellentes règles relatives au sommeil, aux exercices, à la déclamation et au chant.

Nous trouvons dans *Léonidas d'Alexandrie* la description des verrues et des ulcères calleux observés sur les parties génitales ; cette description ressemble beaucoup à celle qu'on donne aujourd'hui des ulcères vénériens.

Il paraît qu'il est le premier qui ait reconnu que les hernies ne sont pas toujours accompagnées de la rupture du péritoine. Le procédé opératoire qu'il employait dans la fistule à l'anus est remarquable, et, en parlant de Pot, nous y reviendrons.

Enfin nous terminerons ce chapitre en citant les noms de *Posidonius* et de son frère *Philagrius*. Ce dernier était un habile lithotomiste ; il nous fournit le premier exemple de l'opération de la taille par le haut appareil. Les deux frères se récrièrent beaucoup sur l'usage qu'on avait de prononcer des mots barbares lorsqu'on préparait des médicamens.

CHAPITRE TROISIÈME.

État de la médecine depuis Galien jusqu'à Paracelse.

PREMIÈRE SECTION.

Travaux de Galien.

Nous sommes arrivés à une époque où la médecine compta au nombre de ses membres un homme dont les immences et utiles travaux le recommanderont à la postérité la plus reculée; cet homme est *Claude Galien*, né à Pergame en Natolie, vers l'an 131 de Jésus-Christ, la quinzième année environ du règne d'*Adrien*. Galien vécut sous les empereurs *Antonin-le-Pieux*, *Marc-Aurèle*, *Commode* et *Pertinax*; il mourut à la fin du deuxième siècle, sous le règne de *Septime-Sévère*.

Galien s'accoutuma de bonne heure à l'étude des sciences; il fréquenta les écoles des sectateurs de Zénon, de Platon, d'Aristote, d'Épicure, dans lesquelles il se fit remarquer, et ses premiers pas dans la carrière médicale tendirent à imiter Hippocrate, qu'il prit pour modèle; comme lui, il voyagea beaucoup. De retour dans sa patrie, il exerca l'art de guérir avec distinction. Mais à l'âge de trente-deux ans, il conçut le projet d'aller se fixer à Rome, où il ne séjourna d'abord que peu d'années, s'étant attiré, par son orgueil, l'inimitié de ses collègues, et il ne retourna dans cette capitale que lorsqu'il y fut appelé par *Marc-Aurèle*, qui le combla de faveurs.

Lorsque Galien parut à Rome, les médecins étaient divisés en plusieurs sectes : les uns suivaient le système des *dogmatiques*, les autres, celui des *empiriques;* quelques-uns étaient *épisynthétiques*, *pneumatiques* ou *éclectiques*, mais le plus grand nombre marchaient sur les traces des *méthodistes*. Galien n'embrassa aucune secte; il se livra entièrement à la médecine hipprocratique, c'est-à-dire à la médecine d'observation, et l'examen de ses travaux justifiera ce que nous venons de dire. Dans les détails où nous allons entrer nous négligerons certaines choses oiseuses, futiles même et étrangères à notre sujet, pour ne nous occuper que d'objets réellement utiles, lesquels nous prouveront qu'un assez grand nombre de découvertes ont une origine plus ancienne que celle qu'on prétend leur assigner.

Persuadé que l'étude de la structure du corps humain est nécessaire à celui qui veut se livrer à l'exercice de la médecine, Galien s'adonna à l'anatomie, et il composa sur cette branche des connaissances médicales un cours complet dans lequel l'organisation des singes est souvent donnée pour celle de l'homme: aussi cette science n'a-t-elle été que peu avancée par lui. Son ostéologie renferme une infinité d'erreurs; mais on lui doit la description de plusieurs muscles inconnus jusqu'alors; il a indiqué le poplité, le peaucier, les muscles du larynx, l'origine du tendon d'Achille; il a décrit les ligamens de la colonne vertébrale; c'est lui qui le premier divisa l'aorte en deux branches, en *ascendante* et en *descendante*, qui a reconnu l'anastomose des vaisseaux des mamelles avec ceux du bas-ventre, ce qui lui servit à expliquer la sympathie qui existe entre les seins et la matrice; suivant lui, les artères tirentleur origine du cœur, et les veines du foie. En décrivant le cerveau, Galien note les éminences *nates* et *testes*, le *septum lucidum*; il indique les nerfs qui partent de ce viscère, et qu'il désigne comme les organes des sensations; les nerfs du mouvement partant de la moelle épinière; pour prouver qu'ils sont la cause des mouvemens musculaires, il coupa sur plusieurs animaux la branche de la cinquième paire qui se rend à l'omoplate, et arrêta ainsi l'action des muscles sus et sous-épineux. Il privait les animaux de la voix en coupant les nerfs récurrens, en détruisant la moelle épinière. Il n'admettait point, comme ses prédécesseurs, l'entre-croisement des nerfs optiques. Enfin on lui doit quelques bons conseils sur la manière de préparer les pièces anatomiques, ainsi que l'histoire de cette science depuis son origine jusqu'à lui.

Cet ouvrage est très-incomplet, sans doute; mais, pour le temps, il honore son auteur, et il prouve qu'il ne négligeait aucun moyen pour acquérir les connaissances que doit posséder celui qui se voue à l'exercice de la médecine.

Un homme comme Galien devait se livrer à l'étude de la physiologie : aussi l'a-t-il cultivée avec ardeur. Il a d'abord recueilli tous les travaux de ses prédécesseurs, et c'est dans son ouvrage qu'on peut les consulter. Ce premier travail le conduisit à de nombreuses recherches, dont nous allons indiquer les principaux résultats. Le médecin de Pergame, après avoir placé le siége de l'ame dans le cerveau, celui de la colère et du courage dans le cœur, celui du désir dans le foie, distingue deux sortes de parties : les unes qu'il nomme *similaires* parce qu'en les divisant en d'autres plus petites, elles continuent à se ressembler; les autres, qu'il appelle *organiques* ou *instrumentales*, parce qu'elles sont les organes ou les instrumens qui produisent les actions les plus sensibles.

Ce médecin admit, avec ses prédécesseurs, les quatre élémens cardinaux ainsi que leurs quatre qualités. Si aucun de ces élémens, si aucune de leurs qualités ne prédomine, si les uns et les autres sont dans une proportion conforme à l'ordre naturel des parties, celles-ci jouissent d'une température convenable, et remplissent bien leurs fonctions; mais s'il y a excès ou défaut, il s'ensuit cet état qu'il nomme *intempérie*, laquelle trouble ou empêche le libre exercice des fonctions.

C'est en suivant cette théorie que Galien crut reconnaître l'existence d'un tempérament *modèle* et de huit autres. Le tempérament modèle est celui des personnes qui sont en parfaite santé, chez lesquelles les parties se trouvent dans une juste proportion et dans un état de température convenable. Les quatre premiers, ensuite, sont ceux où l'une des humeurs élémentaires prédomine; ce sont les tempéramens *chauds*, *froids*, *secs* ou *humides*. Les quatre derniers dépendent de la combinaison des qualités élémentaires, et de cette combinaison résultent les tempéramens *chauds et humides*, *chauds et secs*, *froids et humides*, *froids et secs* ; lesquels peuvent être divisés en beaucoup d'autres, suivant le degré de chaud et de froid, etc., et constituer un tempérament individuel que Galien nommait l'*idiosyncrasie* de chaque individu.

Ces huit tempéramens s'éloignent du tempérament modèle, sans qu'il en résulte toutefois des inconvéniens pour la santé, tant que la prédominance d'une ou de deux qualités n'apporte aucun obstacle à l'action des parties. La maladie n'est donc qu'un obstacle à l'exercice de telle ou de telle fonction par la prédominance d'une ou de plusieurs qualités inhérentes aux élémens.

Suivant Galien, il existe trois principes dans les corps vivans : les *parties*, les *humeurs* et les *esprits*. Les premières sont divisées, ainsi que nous l'avons déjà dit, en *similaires* et en *organiques*; les secondes le sont en quatre principales, le *sang*, humeur rouge, chaude et humide; la *pituite*, fluide blanc, froid et humide ; la *bile*, liquide jaune, chaud et sec ; l'*atrabile*, suc noir, froid et sec.

Il distingue trois sortes d'esprits : les esprits *naturels*, les *vitaux* et les *animaux* ; les premiers sont une vapeur qui s'exhale du sang, dont la source est dans le foie ; les seconds sont produits par la même vapeur portée dans le cœur et unie à la matière de la respiration; ces derniers, transmis au cerveau, se convertissent en esprits animaux.

Ces trois genres d'esprits sont les instrumens de trois facultés qu'il nomme *naturelle*, *vitale* et *animale*, dont le siége réside dans les parties où se forment les esprits, c'est-à-dire dans le foie, le cœur et le cerveau. Chaque faculté à des attributions spéciales. La première, accomplie par le pneuma qui circule dans tous les vaisseaux, préside à la nutrition, à l'accroissement et à la génération; en décrivant cette dernière fonction, Galien s'écarte de la théorie des pneumatistes, puisqu'il accorde aux deux sexes une part égale à la production du nouvel être, lequel reçoit sa nourriture du placenta et du pneuma. La faculté vitale, au moyen des artères, communique la chaleur et la vie à tout le système; l'animale répand, par l'intermédiaire des nerfs, le sentiment et le mouvement.

Chaque faculté est destinée à exécuter des fonctions internes et externes : les fonctions internes de la faculté naturelle sont la coction des alimens, l'hématose, etc.; les externes sont la distribution du sang veineux qui porte aux organes les matériaux nécessaires à leur nutrition et à la propagation de l'espèce. Les fonctions internes de la faculté vitale produisent les passions; les externes distribuent partout, au moyen du sang artériel, la chaleur et la vie. L'imagination, le raisonnement, la mémoire, sont les fonctions internes de la faculté animale, dont les externes sont le sentiment et le mouvement.

Outre ces trois grandes propriétés, Galien en admettait encore de particulières à chaque organe; par exemple, l'estomac est doué, selon lui, d'une faculté qu'il nomme *concoctrice*, par laquelle les alimens sont cuits dans ce viscère. Mais ayant reconnu que toutes ces facultés ne peuvent agir d'elles-mêmes, il crut à l'existence d'un premier mobile qui mettait tout en jeu et qu'il appela *nature*, comme Hippocrate.

Divers passages des écrits du médecin de Pergame portent à croire qu'il avait soupçonné la circulation du sang, et que même il avait une idée de celle qui existe entre le fœtus et la mère; car on voit clairement dans son Traité de la formation de l'embryon que la communication qu'on observe, avant la naissance, entre les oreillettes et les ventricules ne lui était pas inconnue, ainsi que l'usage des valvules du cœur. Il pensait aussi que cet organe recevait du poumon la partie la plus subtile de l'air, c'est-à-dire le pneuma, partie qui servait à donner au sang une nouvelle énergie. Il avait également remarqué que, lorsque ce liquide sort du ventricule gauche, il est beaucoup plus chaud que quand il s'échappe du droit. Le sang, d'après Galien, sert, comme nous l'avons déjà dit, à la formation des esprits, et la portion la plus grossière du fluide atmosphérique est expulsée, tant par l'expectoration que par la transpiration cutanée; cette dernière entraîne, dit-il, les fuliginosités du sang.

Nous terminerons ce que nous avons à dire sur la physiologie de Galien, en faisant remarquer qu'il croyait que le chyle se rendait au foie, où il se convertissait en sang; que la bile, stimulant qui provoque les mouvemens péristaltiques des intestins, n'était qu'une humeur excrémentitielle, et qu'enfin les sucs mélancoliques étaient sécrétés par la rate : ces erreurs furent long-temps professées.

Galien s'est occupé assez longuement d'hygiène; il a d'abord placé tous les individus dans trois conditions : dans la première, il a compris les personnes bien constituées, saines et robustes, qui vivent dans l'aisance, qui jouissent de la liberté et du loisir nécessaires pour soigner leur santé; dans la deuxième sont classées celles dont la constitution est faible et délicate; la troisième renferme les individus qui ont des devoirs à remplir. Ses préceptes hygiéniques varient suivant chacune de ces conditions; ils varient encore selon le tempérament, l'âge des individus, dont l'existence est marquée par quatre périodes qui sont l'*enfance*, l'*adolescence*, la *virilité* et la *vieillesse*. Il indique avec détail le régime qu'il faut suivre dans ces divers états, et il insiste beaucoup sur la nécessité de l'allaitement maternel. *Jean-Jacques*, en le prescrivant, n'a fait que développer quelques idées de Galien et d'Oribase; mais ceux-ci parlaient en médecins instruits, au lieu que le citoyen de Genève n'a traité cette ques tion qu'en littérateur hypochondriaque.

Galien conseille aux hommes de lettres, aux politiques, aux personnes qui ont des occupations multipliées, de redoubler de sobriété à la suite d'un travail inaccoutumé, de ne faire usage que d'alimens de facile digestion; enfin, dans tous les temps, de se livrer à un exercice journalier, et, lorsque cela n'est pas possible, de se faire tirer un peu de sang et d'employer les purgatifs.

Quelques auteurs ont cru que c'était Galien qui avait le premier recommandé l'exercice à cheval; mais nous avons vu que cet avis a été donné par Esculape à l'époque de l'expédition des Argonautes.

Passons maintenant à l'examen de la pathologie du médecin de Pergame. Il définissait la maladie *une disposition ou une affection contre nature des parties du corps, laquelle empêche premièrement et par elle-même leurs actions.*

Cet auteur a établi trois principaux genres d'affections : dans le premier, il classe les maladies des parties *similaires* produites par l'intempérie; il les divise en affections qui sont sans matière et en d'autres qui sont avec matière. Dans le second il comprend celles des parties *organiques* : ce sont les irrégularités, les déplacemens, etc. Dans le troisième enfin, il traite des maladies communes aux deux premiers genres, et des solutions de continuité. Avec Hippocrate, il reconnaît que chaque affection peut suivre une marche *aiguë* ou *chronique*, qu'elle peut être *bénigne* ou *maligne*; qu'elle peut régner *sporadiquement*, *endémiquement* ou *épidémiquement*.

Quant aux causes, il les divise en *internes* et en *externes*. Ces dernières sont dues au mauvais emploi des six choses dites non naturelles; il les appelait *procatarctiques*, ou *commençantes*, parce qu'elles mettent en jeu les causes internes. Celles-ci sont ou *antécédentes* ou *conjointes*. Les antécédentes ne se découvrent que par le raisonnement; elles proviennent de la *pléthore* ou de la *cachochimie*. La pléthore peut être sanguine, bilieuse, pituiteuse ou mélancolique. La cachochimie dépend de ce que les humeurs dégénèrent en devenant plus chaudes ou plus froides, plus sèches ou plus humides, plus douces ou plus salées, etc. Les causes conjointes sont toutes celles qui entretiennent la maladie, et qu'il divisait en *manifestes* ou *évidentes*, et en *cachées*.

Voici comment il définissait le symptôme: *Le symptôme est une affection contre nature qui dépend de la maladie, ou qui la suit comme l'ombre suit le corps*. Il les divisait en trois espèces : en symptômes qui se tirent de l'action lésée ou empêchée des parties, ce sont les plus importans; en ceux qui proviennent d'un vice de sécrétions ou d'excrétions. Il distinguait les signes, qu'il définit: *Ce qui fait connaître une chose qui était auparavant inconnue*, en *diagnostics* et en *pronostics*. Les premiers caractérisent la maladie, ils sont *pathognomoniques* ou *adjoints*; les pathognomoniques sont propres à l'affection existante, les adjoints s'observent dans d'autres maladies. Les signes diagnostiques se tirent : 1° de l'essence ou de la nature même de la chose; 2° des causes de la maladie; 3° des symptômes; 4° des dispositions particulières de chaque individu, etc.

La connaissance qu'on a de l'action ou de l'usage naturel des parties sert à faire découvrir celles qui sont altérées; mais comme un organe peut être sympathiquement affecté, il faut bien distinguer, dit Galien, tant pour la sûreté du diagnostic que pour établir les bases du traitement, cette dernière affection de celle qui est idiopathique.

L'utilité de la connaissance de l'organe malade ou du siége de l'affection a été reconnue par cet auteur, lequel a écrit six livres pour en démontrer la nécessité. Quoique Galien ait été extrêmement prolixe en écrivant cet ouvrage, on le lit cependant avec intérêt.

Les signes pronostiques indiquent quelle doit être la durée et l'issue de la maladie. Ces signes, qu'il tire de l'aspect même de l'affection, de l'âge, du tempérament du malade, etc., sont divisés en signes qui annoncent la coction ou la crudité des humeurs, en ceux qui font présager les crises, et enfin en ceux quinous prédisent la guérison ou la mort.

Le pouls, suivant le médecin dont nous analysons les travaux, est une action particulière du cœur et des artères; il donne, selon lui, des renseignemens très-importans pour établir un pronostic certain. Galien a publié sur le pouls dix-sept livres dans lesquels il indique d'une manière si minutieuse comment il faut s'y prendre pour l'explorer, il en décrit un si grand nombre d'espèces différentes et avec tant de précision, qu'on est forcé de soupçonner qu'elles sont peut-être le produit de son imagination.

La thérapeutique de Galien est fondée sur les deux maximes suivantes : « La maladie est quelque

» chose de contraire à la nature; elle doit donc être » surmontée par ce qui est contraire à la maladie » elle-même; la santé doit être conservée par ce » qui a du rapport avec elle.» De là naissent les indications qu'il définit l'*insinuation de ce qu'on doit faire par rapport à quelque chose tirée de sa propre nature, ou de l'état propre de cette chose.* Le médecin de Pergame puisait ses indications dans la nature de la maladie, dans ses causes et dans ses symptômes, sans négliger néanmoins celles qui lui étaient fournies par l'état des forces, de la constitution naturelle du corps, dans laquelle se trouvaient compris le tempérament, les habitudes, l'âge, le sexe, la disposition de chaque partie; et, quoiqu'il eût admis que la principale se tirait de la maladie, il n'en commençait pas moins le traitement par combattre la cause. Il avait aussi établi des règles pour connaître les contre-indications, et nous devons dire que personne mieux que lui n'a exposé avec autant de précision ce qu'on doit entendre par indication et par contre-indication.

Galien était grand partisan de la saignée, il y recourait fréquemment; dans quelques cas, il la faisait renouveler trois ou quatre fois par jour, et il laissait couler le sang jusqu'à défaillance; mais il est juste de dire qu'il avait égard à l'intensité de la maladie, à l'âge de l'individu, à la saison, au climat, etc.; il a quelquefois prescrit l'artériotomie. Les émissions sanguines n'étaient jamais conseillées aux jeunes gens au-dessous de quatorze ans, et il ne craignait pas de faire ouvrir la veine aux vieillards forts et robustes. Il ne paraît pas avoir fait usage des sangsues.

Les agens thérapeutiques qu'il employait étaient les mêmes que ceux qu'administraient ses prédécesseurs; mais il ordonnait rarement les sudorifiques à l'intérieur; il recommandait beaucoup les bains et les frictions sèches. Galien, dans certaines occasions, se servait des spécifiques; mais ce qui étonne de sa part, c'est qu'il ait donné dans les arcanes.

Galien a traité des maladies des yeux. Dans sa jeunesse, il a pratiqué avec succès la chirurgie. On croit qu'il a appliqué le trépan sur le sternum, et qu'il a réduit plusieurs luxations.

Parmi les contemporains du médecin de Pergame, on cite *Lucius Apulée*, de Madaure, célèbre philosophe platonicien; il critiqua les œuvres d'anatomie d'Aristote, auxquels il fit des additions peu importantes. Il est auteur de plusieurs livres sur l'histoire naturelle; il a décrit principalement les poissons. On a de lui un recueil assez volumineux de remèdes dont la plupart étaient magiques ou superstitieux.

Marcellus, de Sida, en Pamphylie, composa en vers gothiques, quarante-deux livres sur la médecine, dans l'un desquels il traite de la *lycanthropie* et dans un autre des poisons.

Le nom de *Posidippus* se rattache à celui de l'empereur *Lucinus Verus*; ce médecin n'est connu que parce qu'on lui attribue la mort de son souverain, qu'il a, dit-on, saigné mal à propos. Mais cette opinion est fausse, l'histoire rapporte

www.ingramcontent.com/pod-product-compliance
Ingram Content Group UK Ltd.
Pitfield, Milton Keynes, MK11 3LW, UK
UKHW031848260826
14628UKWH00002B/664

9 782014 105575